JN070944

〝環境力〟を持てば、暮らし方が変わるって、ホント？

環境のミカタ株式会社
代表取締役社長
渡辺和良 著

プレジデント社

はじめに

廃棄物を扱う事業といわれて、どんなことを思い浮かべますか？　毎朝、集積所にごみを回収しにくる人、缶やびん、ペットボトルをリサイクルするために地域を巡回するトラック、ひと昔前なら「みなさん、毎度おなじみの……」という、あのちり紙交換車のアナウンスの声などでしょうか。

いま挙げたものは、廃棄物に関する事業の中の収集・運搬という分野になります。日常的に見かけるため、真っ先に思い浮かぶ、みなさんにとってはもっとも身近な仕事ではないでしょうか。

しかし、廃棄物は回収して一箇所に集めて、埋め立てて終わり、ではもちろんありません。

毎日、家庭や事業所から集積所に出されたもの、企業や工場から排出された多種多様なものが、廃棄物（または資源）として回収され、自治体や廃棄物処理業者の運営する処理施設に運ばれています。

そしてそこでは、焼却処分をするほか、機械や人の手を用いて素材ごとに細かく分別して固形燃料や再生利用できる資源に変換するための中間処理などの作業が行われています。

つまり、みなさんがよく目にしているのは、廃棄物を扱う事業のほんの一部でしかないのです。

廃棄物は回収後にさまざまな工程を経て、再度資源と廃棄物に分別され、利用不可能なものだけが最終処分場である埋め立て地へ向かいます。

全国各地にはさまざまな処理施設が存在し、廃棄物の安全化、安定化、減量のために、特別な技能を持ったたくさんの人が働いていることもぜひ知っておいてください。

近年、環境問題への懸念やリサイクル意識の高まりもあって、ご自身がごみとして出したものが、その後どのような過程を辿っていくかについて関心や興味を持つ人が増えてきました。

実際、集積所に出されるごみもきちんと分別されている場合がほとんどで、自治体ごとの〝出し方ルール〟が守られていることを実感しています。

これは、消費者であるみなさんが、「ごみ袋に詰めたら終わり」ではなく、生活者としてごみ自体に責任を持つようになった表れではないでしょうか。このような昨今の傾向を、リサイクルにかかわる事業者の一人として心強く感じています。

また、数年おきに法律が整備、改正されてきた結果、廃棄物の衛生的な収集・運搬や詳細な分別、適切な処理の必要性が広まったことで、廃棄物を扱う事業者に対しての理解と認知が進んだことも嬉しい限りです。ただ、同時に、私たち事業者に寄せられる期待、それに伴う責任の大きさも感じています。

世界中が環境問題に頭を悩ませています。日本においても、それは同様です。とりわけ〝ごみ問題〟が語られるようになってから、ずいぶんと長い年月が経ちましたが、まだまだ解決に至らないのが現実です。

もちろん、各種法規制や中間処理の仕組みなどの詳細を記して廃棄物事業者の実態について知っていただくのも、廃棄物に対する理解を深め、さらには環境問題解決の糸口になる大切なことだと思います。しかし、それらは複雑かつあまりにも専門的すぎる内容になってしまいます。

それよりも、本書は、廃棄物と私たちの暮らしとの関係性に触れたり、さまざまな企業・団体の取り組みを紹介したりすることで、読者のみなさんに、改めて廃棄物を自分たちが出したものと認識してもらうこと、そのうえで生活様式を見直していただくきっかけになればと考えています。

私たちが行うさまざまな業務について知っていただき、そこでの課題や挑戦についてお話しすることで、新しい気づきが生まれ、地域で行う活動などのヒントになれば幸いです。ひいては、本書がみなさんの生活環境全般を改善するきっかけになればと願っています。

普段みなさんが目にする収集・運搬も、私たちの事業の大切な業務の一環です。そのうえで、ごみ箱から回収したその先にも、人々の暮らしを支えるための大切な仕事があることを知っていただけたら、著者としてこんなに嬉しいことはありません。

渡辺和良

目次

第2章 「捨てないからOK」を見直してみませんか？

第3章 ごみを"チャンス"に変える知恵と努力

第4章 「空き家・不用品」への取り組みで地域を救う！

第5章 環境コーディネーターにお任せください！

第1章

いま知っておきたい！環境問題のキホン

レジ袋の有料化が私たちに問いかけること

2020年の日本の大きな話題のひとつに、7月1日から義務づけられた「レジ袋有料化」が挙げられると思います。

不便に感じている人もいるかもしれませんが、実は世界ではすでに70近くの国でレジ袋の使用禁止や有料化、課税が行われているというと、驚く方も多いのではないでしょうか？

日本の対応はむしろ遅いくらいで、しかも禁止ではなく、お金を払って買えば使うことができる有料化にとどまっています。

レジ袋の有料化は、早いところでは40年ほど前には始まっていました。ただ、この頃の考え方は環境への配慮というよりは、無駄をなくした分だけ価格を抑えて消費者に還元します、というものでした。

しかし、消費者心理としては、「レジ袋にお金を払うなんてもったいないから、あっちのスーパーへ行こう」となりますよね。結局、小売店は有料化に二の足を踏んでしまい、昨年（2020年）7月に法規制されるまで、私たちは当たり前のように使い続けてしまったのです。

プラスチックの過剰な使用を抑える取り組みの一環として進められた政策ではありますが、廃プラスチックの排出量が世界第2位の日本がこの程度では生ぬるいという意見もあります。

レジ袋は買ったものを運んだ後、ごみ袋として使っていたのに、新たにごみ袋を買っているから結局同じという声もあります。また、あんなに薄いレジ袋の使用がなくなったところで環境へのインパクトは小さいという考えの人もいることでしょう。

でも、私はそれでもいいと考えています。

たしかに、おっしゃる通りです。目に見える使用量の削減を求めるなら、おもいきって食品トレーなどの容器やペットボトルを使用禁止にする方が効果絶大です。でも、それは現実的ではないでしょう。

しかし、それよりもまず重要なのは、レジ袋の有料化以降、私たちは買い物をするたびに「レジ袋は必要かな」ということを自身に問いかけるようになったことです。

無理のない範囲内で、まず消費者の目につきやすいところから行動や意識の改善を進めていく——。毎日、「これは本当に必要だろうか」、そう考える習慣を身につけることこそ、いまの私たちに大切なことなのではないでしょうか。

この章では、日本、そして世界で起きている環境問題に関して廃棄物処理に携わる者の立場から、お話ししていきたいと思います。

知っていますか？　ごみが「輸出」されていることを

いまのところ、日本全国の埋め立て地は満杯にはなっていません。ひょっとしたら「毎日きちんと分別してごみを出しているし、一般的に『容器包装リサイクル法』や『家電リサイクル法』と呼ばれるようなさまざまなリサイクル法が作られたおかげで、埋め立てられる廃棄物が減ったのだろう」と思ってはいませんか？

たしかに、ごみの総排出量は2000年の5483万トンをピークに徐々に減少。埋め立て地の残余年数（埋め立て地があと何年で満杯になるかを数値化したもの）も2018年4月現在、全国平均16・4年にまで延びました。

この理由は、各種リサイクル法の制定により回収システムが構築されたり、リサイクル施設が設置されたりしたことや、「グリーン購入法」などの循環型社会を目指したさまざまな法律が整備されたこと、処理技術自体が向上したことなどが挙げられます。また、これはマイナスの要因ですが、長引く不況と人口減少も関係しています。

ただ、21世紀になりごみの総排出量が減少した要因として、ここで特筆しておきたいのは、廃プラスチックの輸出量が増えたためという点です。

ごみを輸出すると聞いてもピンとこないと思いますが、環境省によると近年、日本は年間500億円相当の廃プラスチック（国内で排出される量の5分の1弱）を輸出しています。

1980年代頃からすでに、日本を初めとした先進国は、主に中国や東南アジア、南アジアに向けて資源として古紙や古繊維、鉄スクラップ、廃プラスチックなど、さまざまな廃棄物を「資源ごみ」として輸出してきました。

資源が少ない途上国では、人件費や規制基準が低いことから安価での加工が可能です。加えて、低品質でも使用できることから、紙やプラスチックを一から製造するよりも、資源ごみを分別・加工して、再生利用する方がコストはかからなかったからです。

一方、先進国の国内で資源ごみを再生利用するのには人件費や設備投資など、膨大な費用がかかってしまいます。つまり、資源ごみの輸出入は、互いにメリットがあって行われていたのです。

日本の資源ごみの輸出量が増えた時期を考えてみてください。中国の経済が急成長していた時期と重なります。中国では、各国から資源ごみを輸入することで、製造業に必要な原料を補っていました。つまり、資源ごみの輸入が世界中に「メイド・イン・チャイナ」を広げる原動力になっていたのです。

行き場を失った「廃プラスチック」

ところが、いまや中国は国内総生産（GDP）世界第2位の経済大国です。経済の成長とともに、国内で排出される廃棄物の量も増加してきました。また、それまでは世界で輸出された廃プラスチックの6割もの量を受け入れてきましたが、なかには汚れていたり、選別されていなかったりしたため再資源化できないものや、有害物質が混入しているものが含まれていることがありました。

経済成長を果たしたものの、いまだ廃棄物の処理やリサイクルの体制が整っていなかった中国では、再資源化できなかった廃プラスチックが野焼きされたり、不法投棄されたりという環境問題が起きてしまったのです。

国内と海外からの双方の廃棄物に悩まされた中国政府は、2018年1月から生活由来の廃プラスチックや未選別の紙くず、繊維くずの輸入禁止を決定しました。

それまで、国内で処分しきれなかった日本の廃プラスチックの半分は中国に輸出されていましたが、この時期から代替地として仕向け先が東南アジア各国に移っていきます。しかし、この年の夏にはタイとマレーシアが輸入禁止、ベトナムでも輸入制限措置が厳格化されます。翌年にはインドでも輸入禁止に……。

そのほか、これまで先進国の廃プラスチックを受け入れてきた途上国が受け入れを禁止、制限し始めるようになりました。日本のみならず、世界の廃プラスチックが行き場を失ったのです。

しかし、「環境のミカタ」では、以前からアジア諸国の輸入が制限されることを見越して、社内ですべての廃プラスチックを処理できる準備をしていたので、いまの状況に慌てることはありません。このような資源の使い捨てがいつまでも続けられるわけがないと考えていたからです。

「洗って分別」だけで問題は解決しない

「そもそも豊かな国が貧しい国にごみを送ってもよいという発想を排除しなければならない。貧しい国にプラスチックごみを渡しておいて、汚染してはいけないというのは間違っている」

これは、2019年5月に来日したマレーシア首相（当時）・マハティール氏が外国特派員協会での記者会見で語った言葉です。このときマレーシアは、国内に持ち込まれた廃プラスチックをすべて輸出国に送還すると宣言するなど、強い姿勢をみせていました。

批判された国の立場からすると耳を塞ぎたくなる発言です。自分の立場に置き換えてみて、「こちらの会社、回収してるんでしょう」とあれこれと置いていかれ、にもかかわらず「においがねぇ〜」なんて言われたとしたら……。これまで廃プラスチックを受け入れてきたすべての国の人たちの共通の想いだったのだと気づくと、廃棄物を取り扱う事業者の一人として申し訳ない想いになります。

私たちは、「プラスチックごみを捨てるときにきちんと洗い、分別する」、そのことだけで満足し、あたかも問題が解決しているように感じていただけなのではないでしょうか。しかし、現実はまったく異なっていました。「汚染物質は世界に広がる。世界中がプラスチックごみを減らす努力をしなければならない」

これも同じときにマハティール氏が語った言葉です。世界中の人々に現状を突き付けたと同時に、当時93歳だった同氏が未来の方向性を示してくれた、強い決意のようにも感じられました。

私たちの暮らしは、周りを見回せばプラスチック製品に囲まれています。しかし、いまの生活様式を変えることなくこのまま使い続けていったら、はたしてどうなってしまうのでしょうか。

日本は国土が狭く、埋め立て地の残余年数も延びたとはいえあとわずか。満杯になるのは時間の問題です。そんな国であるからこそ、廃プラスチックだけではなくすべての廃棄物の問題に対して、いま一度喫緊の課題として向き合うことが必要ではないでしょうか。

目の前からごみがなくなれば「よしっ、すっきり、きれい」。はたして、本当にそうでしょうか。もっと広い範囲で考えてみてください。

ごみを外に放り出してあなたの家の中がきれいになっても、隣の家の前にあふれかえっているとしたら。それでも清々しい気持ちで生活することができますか？　これを地球規模にしたのが廃プラスチックの問題です。

人間は健康被害や自然災害など、自分たちに直接的に被害が生じてから初めて、問題を認識し、解決のために考え、行動に移ることがほとんどです。しかし、廃プラスチックについては、海と海洋生物が問題を表面化してくれたおかげで早く気づくことができました。

とはいえ、状況はかなり切迫しています。手遅れにならないためにも、責任を押し付け合うのではなく、各国が協力して改善に向けて行動を起こすときだと考えています。

廃棄物は人類とともに生まれた

廃棄物を処理する必要が生じ始めたのは、なにも最近の話ではありません。生活をしていれば人は食事をするし、道具を使ったり、衣服を身に着けたりもします。

そうした営みの過程では、生活ごみというものが発生するのはつきもので、ごみを出すという行為それ自体は人が生きた証しだと考えています。つまり、人類が誕生したときから、廃棄物は存在し、それを処理する必要があったのです。

歴史の授業で習った、縄文時代後期の遺跡・大森貝塚を初め、それ以降の時代も京都などの遺跡を発掘調査すると、必ずといっていいほど居住地から少し離れたところにごみ集積所の跡を見つけることができます。それは、古の人々の生活の痕跡であり、考古学者はそこからの出土品で当時の生活様式や社会の仕組みなどを解明していくそうです。

ただ、江戸時代までは埋め立ては行われていたものの、家庭や商店などから出される廃棄物のほとんどは生ごみで、庭で燃やしたり、銭湯の燃料として使われたり、肥料や家畜の飼料にすることできちんと処理することができていました。

ところが、明治時代になり産業が発展してくると、家庭や事業所から出されるごみの量が急激に増えたうえに、燃やすことのできないものも排出されるようになります。処理できないごみの山が街中に不衛生に積み上げられ、伝染病を媒介するハエや蚊、ネズミの繁殖場になっていきました。

人口が3600万〜3800万人といわれた当時、年間10万人がコレラで命を落としていたのです。このとき初めて、廃棄物処理が社会問題として注目されました。そして、日本で最初の廃棄物に関する法律「汚物掃除法」が制定されるのです。

さらに時代は進み、1955年頃から、日本は高度経済成長期に突入し、私たちの生活は大きく一変しました。

内閣が政策の目玉として「所得倍増計画」を掲げると、これまで以上に現金を手にするようになった人々は、さまざまな商品を購入するようになります。その中には、一般家庭に普及し始めた家電製品も含まれていました。いわゆる、「三種の神器」といわれた、テレビ、洗濯機、冷蔵庫です。

また、スーパーマーケットやコンビニエンスストアなど、これまでになかった販売形態の店舗が登場したことにより、日常生活における消費行動そのものも変化していきました。

いわゆる「大量生産・大量消費社会」の到来です。それにより、家庭から出されるごみの量は急増、その内容も多様化し始めます。

さらに、都市開発によって住宅や高層ビルの建設が相次ぐと、これによって出される土砂やガレキなどの建設廃材も急増。これらも同様に、空き地や道路、河川敷などに不法に投棄される問題が起きました。

このような状況を踏まえて、1970年に一般廃棄物と産業廃棄物というふたつを区分し、一般廃棄物は従来通りに市区町村が処理責任を有する一方で、産業廃棄物については排出する事業者自身に処理責任があることを規定した「廃棄物の処理及び清掃に関する法律（以下、「廃棄物処理法」）」が制定されました。

この法律にはこれまでと同じく〝公衆衛生〟の向上を目指すことに加えて、当時、日本社会で大きな問題となっていた〝公害〟を解消して〝生活環境を保全〟しようという目的も含まれていました。

「ごみ戦争」という昭和最大の社会問題

みなさんは、東京都知事が「ごみ戦争」という宣言を出したことがあるのをご存じでしょうか？　それは、「廃棄物処理法」が制定された翌年のことです。

戦前から、長きにわたって、東京23区のごみの多くは江東区が一手に受け入れていました。

ただ、この頃になると、東京都は急激な人口の増加とそれに伴って大量に発生するごみに対応できなくなっていきます。それにもかかわらず、清掃工場の建設は一向に進みません。ついには、都内から収集されたごみの7割近くが焼却せずにそのまま埋められるようになっていくのです。

結果として、埋立地周辺住民の生活環境は脅かされました。

ハエの発生源とされたのは、高さ約20メートル、幅270メートルもある生ごみで作られた断崖。埋め立て地は限界にきていたのです。

それでも、他区での清掃工場の建設は進みません。そのことに苛立ちを募らせた江東区議会は、1971年9月27日、都と22区に対して、「自区内に清掃工場をもつ原則に賛成か反対か」を問う質問状を送り、返答が不十分な場合はごみの搬入を阻止するという決定をしました。
これを受け、翌28日に東京都知事は、「迫りくるごみの危機は、都民の生活を脅かすものである」とし、清掃工場と埋め立て処分場の建設推進を初め、問題解決のために徹底的なごみ対策を行うことを表明しました。これが、「ごみ戦争宣言」です。

廃棄物に関する理解が進んできた現在でも、中間処理場などを建設する際は、周辺住民の方々に対して何度も会合を開き、丁寧な説明を繰り返し行うことで、やっとご理解いただくこともたびたびです。まして、この当時はさらに難しかったことでしょう。

なかでも、杉並区では住民の反対運動が根強く、いつまでたっても清掃工場建設の目途が立ちませんでした。さらには、ごみの増える年末年始に対応するための一時的な集積所を設けることにさえも反対運動が起こったのです。

このような態度に、「杉並区は問題解決に協力的でない」と判断した江東区が、ついに杉並区からのごみの搬入を区長自らが阻止するという騒動にまで発展します。このごみ搬入阻止の様子と、杉並区の集積所に収集されずに積まれたごみ袋の山と大量のハエが飛ぶ様子がメディアで紹介されたことで、「ごみ戦争」は全国的に知られることとなりました。

日本中が「ごみ」と向き合うきっかけに

「ごみ戦争」なんて、少し物騒な呼び方かもしれませんが、これを機に全国民が廃棄物に対して考えるようになった、よいきっかけだったのではと思うことがあります。

高度経済成長期以降、ますます増加・多様化していく廃棄物とその処理方法を考えることは、人々の生活環境を保全するためにもけっして避けては通れない道でした。

昭和の時代において、全国民が真剣に「ごみ」と向き合わなくてはならないことは、最大の社会問題だったのではといまも思ってます。

「バブル」で消費行動が変わった

ごみ戦争の衝撃は、私たちに廃棄物について考えるきっかけを与えてくれました。では、その後、家庭や事業所、工場などから出される廃棄物の量は減っていったのでしょうか。

その答えはＮＯです。

焼却による減容化技術の向上などもありわずかに減った時期もありましたが、基本的には、それまでのような急激な増加は収まったものの、しばらくの間は横ばい傾向を保ったという程度でした。

戦後の復興期から高度経済成長の時代まで、私たち日本人は「人並みの生活」を求めて〝モーレツ〟に働いてきました。そして、「三種の神器」を手に入れます。

これらは豊かさの象徴であったと同時に、暮らしにゆとりを与えてくれる、新しい生活様式を送るためには欠かすことのできない製品、つまり必需品であり、みながこぞって購入したものでした。

ただ、1970年代に入ると、各家庭はひと通りのものを買い揃えたことで「大量生産・大量消費」が影をひそめるようになります。さらに、1973年の第一次オイルショックと1979年の第二次オイルショックによる経済の低迷もあって、廃棄物の排出量は落ち着きをみせていきます。

しかし、ものが売れなければ経済は成長しません。そこで、売る側はこれまでの「生活を便利にしてくれる・楽にしてくれる」という使用価値から付加価値を前面に出した商品を販売することに発想を切り替えます。いままで「人並み・横並び」を求めてきた人々に「個性・自己表現」による購買欲を創出させたのです。

ものに使用価値を求めていた頃は、ある程度の利便性を手にすると購買欲は落ち着くものでした。ところが、自身の持ち物や身につける服などで、他者との差異性や自己表現を求めるようになると、人の消費意欲は際限なく拡大していきました。

このような流れの中で日本経済は、１９８６年12月からのバブル景気を迎えることになります。再び、生産活動の拡大、消費の増大の時代に入ったのです。

生産量と消費量が増えれば、廃棄物が増えるのは当然のことですが、ここで問題だったのは、バブルの時代になると「大量廃棄」という行動も社会経済システムに加えられた点でした。

このことが再び廃棄物の急増に大きく影響を与えただけではなく、今日まで続く、廃棄物問題の解決を難しくしている最大の原因ではないかと考えています。

〝もったいない〟はどこへ

個性的な生き方にあこがれ、生活様式の多様化を望んだ人々は、自身の身の回りに置くものにオリジナリティを求めるようになりました。これまでの大量生産から「多品種少量生産」、大量消費から「個性的消費」と経済システムは変化していきます。

さらに売る側は、店頭で並んだ際の差別化を図るため、凝った容器や華やかな包装紙などを多用しました。つまり、商品購入後、すぐに不用になってしまうものも多く生み出していったのです。

そして、スーパーマーケットやコンビニエンスストアの急成長が、少量かつ多頻度の購入を加速化させたことでも、食品の包装材などの新たな廃棄物が発生するようになりました。

たとえば、大根は葉っぱも皮も食べられる食材です。八百屋で一本購入し、買い物かごに入れて持ち帰っていた時代にはごみは出ませんでした。ところが、スーパーマーケットで買い物をするようになると、半分に切ってビニール袋に入れられた大根を購入し、レジ袋に入れて持ち帰るようになります。

こうした買い物のスタイルは、一本で買えば重たいし、すぐに食べきらなくてもダメにしてしまう心配がありません。ただ、半分の大根をすべて食べたとしても、これを包んでいたビニール袋と閉じていたテープ、レジ袋が残ることになります。たった半分の大根を買っただけで、かさはなくとも3つの廃棄物を作ってしまうことになるのです。

また、この頃になると醤油などの調味料や、1・5リットルサイズのジュースがペットボトルで販売されるようになります。それまで用いていたびんに比べて断然軽くて運びやすいことから、輸送コストが抑えられ、また買い物も楽になり喜ばれました。

しかし、当時はまだ、ペットボトルをリサイクルするといった発想も技術もきちんと確立されていなかったため、リターナブルしていたびんとは違い、使用後の容器はごみとして捨てられるだけでした。

このように、私たちの暮らしは便利で楽になっていく一方で、家庭から排出される廃棄物はますます増えていきました。

もちろん、事業所系の廃棄物も増加していました。なかでも、外食産業から出される食品廃棄物の増加が顕著になり始めたのがこの頃です。食も生活スタイルも欧米化し、華やかな日々を送る中で、ものを大切にする、食べ物は米粒ひとつ残さないといった日本ならではの「もったいない」と感じる精神が薄れてしまったのかもしれません。

このような世の中を、家に新しいものが増えると家族みんなで喜んだ時代を知る人間としては、少し寂しく感じていました。

いまも続く「大量廃棄」という習慣

ご存じのように、日本社会に狂喜？　狂気？　の宴をもたらしたバブル景気は、わずか51カ月で終焉。次に、「平成不況」や「失われた20年」と呼ばれる経済低迷期を迎えます。

しかし、以降も新しい生活スタイルは維持され、また産業界の「多品種少量生産」の構造も変わることはありませんでした。短いサイクルで新製品を販売し、消費者の購買欲を掻き立てていきました。それはつまり、短期間で製品が廃棄物に代わることを意味していました。

さまざまな商品が製造され、その過程で多種多様な廃棄物が排出される。さらに、こうして作られた製品もわずかの期間で廃棄物になっていった時期でした。

それが顕著に表れたのが家電製品ではないでしょうか。

平成の初め頃まで、テレビは「家具調テレビ」と呼ばれる、いま思えば和箪笥に画面をはめ込んだようなものが主流で、それ以外だと一人暮らしなら14インチサイズを所有している人も多かったと思います。ところが、1996年にデジタル放送が開始されると画面の大型化、フラット化が一気に進みます。湾曲したブラウン管の画面しか知らなかった世代にはかっこよく見えたものです。

また、洗濯機も2槽式から全自動に。大容量の冷凍室を備えた冷蔵庫、電子レンジを初めとしたさまざまな調理家電も瞬く間に普及していきました。

しかし、新しい機能を兼ね備えた便利な大型家電を人々がこぞって買い求めた結果、多くの家電がごみとして捨てられていきました。
そのほか、キャップを閉められるので飲み干さなくてもいい便利な500ミリリットルの小型ペットボトルが登場したのもこの年でした。食品の個包装も増えていき、家庭から出されるプラスチックの量は際限なく増えていきました。

多くの企業では1980年代初頭、業務改善を目的としたOA化が盛んに提唱されていました。これが進めば紙の使用量は減少するはずでした。ところが、実際には書類作成に便利なワープロやコピー機、プリンターが導入されると、かえって消費量は増えてしまいました。

不慣れなため電子メールや資料を出力して読んだり、たくさん集めた情報を整理・保管するために安易に印刷・コピーが行われたからです。それまで少しずつ上昇していた古紙回収率は、OA化の促進、続くIT化によって、2000年頃まで50%前後をいったりきたりしていくことになります。

一度味わってしまった快適さや、新たに手にした便利さを手放すことは簡単ではありません。その結果、景気が低迷してきた現在も、私たちはますますごみを出し続けているのです。

環境のために「できることはもっとある」

生活の豊かさに比例して廃棄物の量が増加し、いまはそれほど成長のない時代になっても、生活習慣を改められずに、毎日たくさんのものが捨てられています。

本気で廃棄物を削減させようと思うのならば、私たちはいますぐにでも生活習慣を見直すべきです。

それは、今後どういった生活を送ることが地球環境、ひいては私たち自身の暮らしをよくできるかを考えることにつながります。いまがそのときですし、いまを逃したら、もう取り返しがつかないところまできています。

なにも戦前・戦後と同じ生活レベルに戻そうと言っているのではありません。でも、少しだけ不便さを楽しんでみたり、ものを愛おしむ生活をしてみたりすることは、せわしない現代ではかえって心地よく、またよりあなたらしい暮らしを育めるのではないでしょうか。

廃棄物の削減を入り口に、このようなちょっとスローな生活を楽しみ始めた人もいます。その一方で、ある程度の生活レベルを維持しつつ環境に負荷のない暮らしを送れるように技術開発に取り組む人もいます。「もったいない」という言葉を持つ日本人なら、もう一度ものを大切にする生活に戻れるのではないでしょうか。

高い技術力を持つ日本のものづくりなら、環境負荷の少ない材質や製品を開発し、廃棄物処理においてもその能力を発揮してより適切な処理方法を見つけることができるのではないかと考えています。

「できることはもっとある」――。

これは、「環境のミカタ」のスローガンです。この言葉の通り、廃棄物を減らすためにできる取り組みは、個人や企業を問わず、きっとあるはずです。次章からはその具体的な例を紹介していくことにします。

みなさんの意識が少しでも変化して、環境にやさしい日常を送るきっかけになればと願っています。

第2章

「捨てないからOK」を見直してみませんか?

3Rを通して生活を見つめ直す

スーパーへ行ったときに「5個だと安いから」とすぐには必要でない食品をまとめ買いしていませんか？

ネットを見て、「新しい性能が加わったし、いまならポイント10倍」とまだまだ使える電化製品を買い替えたりしていませんか？ しかも、「古い方は、フリマ（フリーマーケット）に出せばいいや」などと、自分に言い訳をして。

次々と新しいものや無駄なものを買い続けていたら、結局はあなたが「手放す＝捨てる」ものの数が減ることはありません。

むしろ、「フリマに出すから」を口実にしてますます買い物をし、結果として手放すものの数は増えてしまうかもしれません。そうなっていたとしたら、それは本当に環境にやさしい行動といえるでしょうか。

この章では、ごみを減らすための活動である「3R（スリーアール）」を考えていくことを通して、私たちの日々の暮らしを改めて見つめ直してみたいと思っています。

さて、この「3R」という言葉は、地球温暖化問題などを考える際にもよく登場するので、みなさんも何度か耳にしたことがあるかと思います。

廃棄物削減のための行動指標になるReduce（リデュース）・Reuse（リユース）・Recycle（リサイクル）の3つの頭文字をとったものです。

3Rについては、ごみの分別出しやリサイクルショップ（本来は「リユースショップと呼ぶべきですが）などが身近なことから、消費者目線で語られることが多く、消費者が行うべき取り組みというイメージが強いかもしれません。

しかし、事業者にとっても今後ますます優先して取り組むべき大きな課題となっています。

3つの「R」の本当の意味を知っていますか？

3Rについて知っていただくために、それぞれの言葉の意味と活動例を少し紹介します。

リデュースとは、「(廃棄物の) 発生抑制」を意味しています。このために私たち消費者にできるのは、マイバッグの持参や、本当に必要なものだけを購入し、その際は耐久性のあるものを選ぶよう心がけることなどが挙げられます。

事業者側では、製造時に使用する資源の量を抑えたり、廃棄物の発生を少なくしたりすること。耐久性の高い製品を提供したり、製品寿命を長くするためにメンテナンス体制を整えたりすることもこれに当たります。

リユースとは、「再利用」のことです。リサイクルショップや古着屋、古本屋はもちろん、最近よく目にするフリーマーケットで買い物をすることも、立派なリユース活動にあたります。ほしいものが安く手に入るというメリットのほかに、楽しさを見出す人が多く、3Rの中ではもっとも私たちの生活に浸透しているように思います。

一方、事業者側には、使用済みの製品を回収し、その部品や容器などを再度使うことを心がけたり、再利用しやすいように設計時点で工夫したりすることなどの努力が必要になります。

リサイクルは、日本語にすると「再資源化」です。廃棄物として出された製品をそのままの形で再び利用するのではなく、原材料レベルに戻して新たな製品に作りかえる取り組みのことです。この流れを繰り返し行うことから循環を意味する「サイクル」という言葉が使われています。この循環を実現するために消費者に求められるのは、ごみの分別への協力です。

日本では、市区町村ごとに独自のルールがあり、市民はそれを守ってごみを出すことが義務づけられています。世界には、選別センターで分別を行う国が多い中、日本ではリサイクルのために消費者が果たす役割は大きいのです。

また、どんなにきちんと分別を行っても、それを再資源化できなければ意味がありません。そうした一人ひとりの活動を無駄にしないためにも、事業者側にはいかに再資源化できる原材料を使って製造を行うか、また再資源化した原材料を使って製品を作っていくかが求められています。

明治時代から続くリユース活動「空きびん回収」

3つの用語の説明と活動例を読んで、「あれっ」と感じた人もいるのではないでしょうか。

3Rの考え方が広く一般に浸透したのは2000年代に入り循環型社会を目指すようになってからのことですが、「リユース」と「リサイクル」については、そのような言葉を知らずとも、ずいぶん昔から私たち日本人が日常的に取り組んでいた、そして、現在も続いている活動があります。

ビールのお好きな人ならすぐにピンときたのではないでしょうか？　そ

うです、空きびんの回収は、昔から現在まで続くリユース活動の代表例です。

ビールは製造元から問屋や卸売り業者に出荷され、そこから各種販売店に納品されます。そして、私たちが購入する際に、「ビールびん保証金」の5円分を上乗せして販売されています。この上乗せ分はびんに対する保証金なので、飲み終わったあとに購入店へびんを返却すると返金される仕組みになっています。こうして回収された空きびんは、再びビール工場へと戻り、入念な検査・洗浄を行った後、再度ビールを詰めて市場に流通することになっています。

年配の方なら、ビール以外にも日本酒や焼酎などの酒類、ジュース、醤油やみりん、ソースなどの調味料もびん入りで販売されていたことを覚えていらっしゃるのではないでしょうか？　これらのびんもビール同様にリユースされていました。

ただし、ビールびんのように保証金を上乗せして販売されていたわけではありませんので、購入店での返金システムはありません。それでも、びんはリユースできる貴重な資源であったことから「びん商」と呼ばれる、空きびんを回収・洗浄し、製造事業者や卸売り問屋に納品する買い取り事業者がいました。

現在は、一般家庭でこれらのものをびん入りで購入することはほとんどなく、びん商はあまり身近な存在ではないかもしれませんが、それでも、2018年の時点で、全国で417社ほどが事業を行っています。家にあった一升びんや道に捨ててあったびんを拾ってびん商に持っていったのも懐かしい思い出です。昭和の中頃の子どもたちが率先してやった小遣い稼ぎのひとつでした。

フリーマーケットへ行こう！

昔から「お古（お下がり）」という言葉があったように、お兄ちゃんやお姉ちゃんがいれば、弟や妹は上の子が着ていた服を着せられていました。子どもはすぐに体が大きくなるので、新品同様にきれいなのに洋服を着られなくなってしまうことがあります。

そうしたときに、捨てずに洋服を取っておき、次に生まれた子どもに着せたり、もしくはいとこや近所の子に譲ったりすることはひと昔前までは当たり前のことでした。

ところが、最近の子ども服はとてもおしゃれです。何年も経ってしまった服では完全に流行遅れになってしまうので、上の子のお古は着せたくないと思う親御さんも多いそうです。そうした背景とリユース意識の高まりがうまくマッチングして最近盛んになっているのが、「フリーマーケット（Flea Market）」です。

フリーマーケットのフリーはFlea＝蚤であり、フランス語の蚤の市を語源としています。このフランス名の由来は、「蚤のついたような服を売っているから」や「蚤のように人が集まるから」といわれているそうですが、その言葉のイメージで現代のフリーマーケットへ足を運んだら驚かれることでしょう。最近のフリーマーケットは美品揃い。最新のアイテムも数多く出品され、洋服といってもそのジャンルはさまざまです。生活雑貨にしても近所や自分の好みのお店だけを覗いていたら見ることのなかった多彩な、ときには不思議な品物が並んでいるかもしれません。

いきなり出店するのはハードルが高いと思いますが、日本フリーマーケット協会では、あえて「Free Market」という表記を使用しています。これには、誰でも気軽に自由に参加できるようにとの想いが込められているそうです。近所でフリーマーケットが開催されていたら、散歩がてらでも一度足を運んでみてください。お手頃価格で思わぬ掘り出しものに出合うなんてこともあるかもしれませんよ。

パソコンとスマホでリユース市場が盛況に

リユースの考えが広まったおかげで、私たちは何かが不用になったとき、これまでのように「もったいないけど捨てよう」から「まだ使えるから誰かに譲ろう。売ってみようかな」と考えるようになりました。

ただ、「いますぐに片づけたいのに、リサイクルショップに連絡して、査定して、引き取ってもらって……では、時間がかかりそう」「もう読まないマンガがあるけど、ブックオフまで持っていくのが面倒くさい」など、いろいろとネガティブ要素が浮かんできて、結局は行動に移さないで廃棄してしまっている人も、まだまだたくさんいました。

ところが、近年、こうした煩わしさや不満が取り除かれたことで、不用品のリユース市場への流通が一気に増えていきました。「ヤフオク！」や「メルカリ」などに代表される、ネットオークションやフリーマーケットアプリの登場です。

特に、フリマアプリは、洋服や雑貨などの身近な品物を気軽に処分するのに活用されている印象があります。オークションと異なり、売り手自身が販売価格を決めるため、買い手がついた時点で取引が成立。両者のすぐに売りたい、すぐにほしいを叶える即時性や、チャットでやりとりができる簡易性などが魅力となっています。

フリマアプリはネットオークションよりも10年以上遅れてサービスを開始していますが、２０１７年の市場規模は４８３５億円で前年より58％アップし、ネットオークションの市場規模を上回りました。

廃棄されていたかもしれないものがこれだけの市場を作り、経済を活性化させているのは素晴らしいことではないでしょうか。

もっとRe-buy（リバイ）しよう

ここまではリユース活動の中でも「捨てないで！」というところに重点をおいて話をしてきました。ごみとして廃棄されてしまえば、その製品の寿命は終わってしまいます。そうなるよりは、リサイクルショップやフリマアプリを活用して、必要とするほかの誰かの手に届け、再び使ってもらえる方がはるかによい選択だからです。

でも、ちょっと考えてみてほしいことがあります。それは、「売るからいいや」という考え方になっていないかということです。

たしかに、リサイクルショップに持っていったりフリマに出品したりすれば、その商品は無駄にはなっていません。でも、そうやって次々と新しいものや無駄なものを買い続けていたら、結局はあなたが必要でないと手放すものの数が減ることはありません。

せっかくリユースという価値観が身近になったのなら、いらないものを売ることに精を出すよりも、ほしいものがあるときにリサイクルショップや古着屋、古本屋へ足を運んだり、ネットオークションやフリマアプリで探したりして購入を検討してみてください。

廃棄されるはずだったものを買う人の方が増えれば、社会全体で見たときに捨てられるものの量が減少することを意味します。それこそが、廃棄物を減らすための活動である3Rのひとつ、「リユース」といえるのではないでしょうか。

リペア、アンティーク&レトロを楽しむ

まだ着られるけど、使えるけど、新しいものがほしい。その理由として「飽きちゃったから」と挙げる人は多いと思います。

たしかに、洋服の流行は色からデザイン、素材まで、毎シーズン変わるので、流行りのアイテムほど少し時間が経っただけで「ダサく」見える、見られているのではと感じてしまうことがあります。でも、流行を追いかけてシーズンごとに新しい服を買い揃え、無駄にしてはいけないからと「買っては売り」を繰り返す。ファストファッションが全盛のいまでは、売ることを前提に洋服を買う人もいると聞きますが、本当にファッションが好きで、愛着を持って服を選んでいたら、そんな風に粗末に扱えないの

ではと思ってしまいます。

つねに最新のアイテムで身を包む人よりも、飽きのこないアイテムを上手に着回したり、タンスの中にあるものでいくつもの組み合わせを楽しんだり、ときにはちょっと手を加えて変化をつけたりしている人の方が、真におしゃれな、ファッションを愛する人なのではないでしょうか。

近年、雑誌などでヨーロッパのアンティーク家具や食器、大正ロマンや昭和レトロの古民具、古道具が特集されたり、家具を買い替えるのではなく、修繕を兼ねてソファのシートを張り替えたり、キズを隠すために食器棚の色を塗り替えたりして模様替えされた部屋を紹介した記事を見かけます。

忙しい日々の中、愛着を持ってものを選び、経年劣化が生じれば修繕してまた使い続けていくことは安らぎと同時に、生活に彩りを添えてくれる楽しい営みと気づき始めたのかもしれません。

実は、私自身もアメリカのヴィンテージ小物が好きで、オフィスの応接室の棚には古めかしい電話機を飾っています。もちろん、電話をかける以外の機能を備えていない古い品で実用してはいません。それでも、打ち合わせの後などに黒い電話が目に入るとホッとすることがあります。

直したり、ときどき手を加えたりしながら使い続けられてきたアンティーク&レトロ。アメリカでは製造から100年以上経ったものをそう呼ぶと定義されているそうですが、何年経った品物かということよりもどれだけ大切に使われてきたか、それまでの所有者の愛着が伝わることこそアンティークやレトロの魅力です。

リユースの一環として購入するのもいいですし、いまあるものを使い続けると決めて大切にするのでもいいと思います。

ずっとそれがあること。変化の目まぐるしい時代、使い込まれたものだけが持つ落ち着きは何より安心感を与えてくれるはずです。

リサイクル意識を浸透させたごみ袋の「見える化」

ごみを資源としてリサイクルするようになったのはつい最近のことのように思うかもしれませんが、実は日本人ははるか昔から、紙を漉き返して使ったり、生ごみで堆肥を作って畑にまいたりしていました。

そして、現代。資源ごみとしての分別収集は1970年代後半に沼津市と広島市で行われ始めると、1980年代後半には全国へ広まっていきました。

ただ、それまでは「燃やす」か「燃やさない」かの2択で済んでいただけに、資源ごみの収集が始まった当初はきちんと分別されていないことがよくありました。そこで、東京都清掃局が従来の中身の見えない水色や黒色のごみ袋に代えて半透明推奨袋制度を導入すると、これに続き全国で半透明ごみ袋が使用されるようになりました。

半透明ごみ袋については、開始当初は個人の生活が丸見えになってしまうと反対意見もありましたが、資源ごみの重要性が理解されたことや、自身の出す廃棄物に対して責任を持つように社会が変化してきたことで、いまでは当然のこととして受け入れられています。

またこの頃、全国で初めて北海道伊達市でごみ袋が有料化されました。その後、「見える化」同様に、有料化、ごみ袋指定の動きも徐々に各地に広まっていきました。指定ごみ袋も中身が見える点は通常のものと同じですが、それ以外の色やひと袋あたりの値段、形などは自治体ごとに異なり、記名が義務づけられている地域もあります。

記名については特に、また、有料化についても反対意見は多く、検討中のまま導入に踏み切れていない自治体が多くあります。ただ、ごみ袋の有料化は捨てる量が増えれば増えるほど、排出者側にお金がかかることを意味するため、排出抑制の動機づけになります。さらに、廃棄物の分別や処理には多大な費用がかかっているため、今後ますます導入は進んでいくと思われます。

分け方だけではなく出し方にも注意しよう

分別を促進するためにごみ袋が「見える化」されてから30年ほどが経ったいまでは、それまでは燃やすか埋めるかしかされず、ごみでしかなかったものを資源に変えるリサイクルは、廃棄物を減らすだけではなく資源の乏しい日本にとっては意義のある取り組みだと理解されています。

ただ、みなさんの協力によって回収できた資源ごみのすべてが再資源化されているかというと、実際はそうではありません。その理由は、分け方ではなく、出し方に問題があるからです。

たとえば、集積所から回収された容器包装プラスチックの場合。中間処理施設に運ぶと、そこで改めて機械や手作業で異物が混入していないかの確認を行います。きちんと分別がされていればこの段階で問題なしとなり、再びプラスチック材に生まれ変わることができます。

しかし、このときに中身の残ったチューブや、ソースがベッタリとついたままの弁当容器などが交ざっていることがあります。実は、汚れたプラスチックは除かれることになります。さらに、これらと一緒に出されていたことで、きちんと洗って出されていた容器までも汚れてしまい、再資源化できなくなってしまいます。

紙類も同様で、新聞紙と折り込み広告、段ボール、雑誌と雑がみという3つに分けることは認識されています。ただ、雑がみに含まれる紙袋にビニールの持ち手が付いたままだったり、ティッシュ箱の取り出し口のビニールが残っていたり、封筒のビニール窓がそのままということがあります。こうして異物が残ったものはやはり再資源化に回すことができません。

プラスチック容器なら「軽くすすいで乾かしてから」、紙類は異物を取り除くといった〝出し方のルール〟があるはずです。ちょっとの手間を惜しんだことで資源をごみにしてしまうのはもったいないことです。

きちんと分別はしているからと安心せずに、多少手間であっても汚れを落としてから出す、異物が残っていないかをもう一度確認し、残っていたら取り除く。面倒だなと感じるときもあるかと思いますが、慣れてしまえば習慣になります。せっかくの努力を無駄にしないためにも出す際には〝ルール〟にも気を配ってほしいと思います。再資源化できる量が増えることは、廃棄物の削減につながるからです。

分別のための「ガイドブック」活用のすすめ

資源有効利用促進法によって識別マークを付けることが義務化されたおかげで分別はわかりやすくなりました。いまでは、わざわざマークを確認しなくても分別できている人は多いと思います。

現在は、廃棄物の分別は、おおむね「可燃ごみ」「不燃ごみ」「資源ごみ」というように分けられているかと思いますが、それぞれに何が含まれるかといった分類は市区町村ごとに異なります。

たとえば、再資源化がもっとも必要と考えられているプラスチック製品を可燃ごみとして出す地域もあれば、私の会社で収集・中間処理の委託業務を受けている藤枝市や焼津市では、不燃ごみではなく、あえて「容器包装プラスチック」、プラマークの付いたものだけを回収する日を設けています。

また、藤枝市の場合は、可燃ごみと「生ごみ」を分別収集している地域があります。このようなケースもみられるので、たとえ近所に引っ越したとしても、回収日や分別方法の確認は必要です。

ところで、識別マークの通りに出しても、間違っているケースがあるということをご存じでしょうか？

たとえば、ヨーグルトの容器です。商品を確認するとフタ・中フタ「プラ」、カップ「紙」というように記載されています。「紙」とあるから容器の方は資源ごみの紙類として出せると思うかもしれませんが、防水などの特殊加工がされている紙は「雑がみ」として出すことはできず可燃ごみになります。同様に、カップ麺のフタなど、「紙」と書かれてあっても内側がアルミになっているものも可燃ごみとされます。

少しでも廃棄物を減らそうと積極的にリサイクル活動に取り組んでいるのに、分類の複雑さから間違ってしまうことが意外とあります。そうしたミスをなくすためにも、年に一度は自治体が発行しているごみの分別などに関する「ガイドブック」を手に取ってみてはいかがでしょうか。

回収日カレンダーや可燃、不燃の分類、資源ごみを出す際の注意点なども詳しく書かれていますし、地域によっては小売店別の資源ごみ受け入れ一覧表が付いていることもあります。

私の住む街では、「焼津市ごみの出し方50音順大辞典」を多言語で制作しウェブサイトにアップしていますし、藤枝市でも静岡産業大学の学生と共同開発した「藤枝市〝もったいない〟ごみ分別アプリ」などがあります。

ガイドブックには困ったときのお役立ち情報を初め、自宅で生ごみを肥料にするためのコンポスト購入のほか、3Rを進めるための補助金制度なども紹介されています。ずっと住んでいるからわかっていると思わずに、ぜひ、お住まいのエリアの「ガイドブック」を開いてみてください。分別の詳細を知ると興味も湧いて、リサイクルが楽しくなるはずです。

身近にあるリサイクル・エコ製品

資源の少ない日本にとって、廃棄物を資源に変え、そこから新たな製品を作る、循環型社会を目指すことは非常に重要な政策のひとつです。このために政府はいろいろな法律を整え、また企業は技術開発を進めてきました。その結果、いまでは、さまざまな「リサイクル製品」「エコ製品」が作られ、私たちの身近にも多く存在しています。

一番知られているのは再生紙でしょうか。紙パックやコピー用紙から作られた再生紙トイレットペーパーはドラッグストアでも売られていますし、雑誌や新聞から作られた再生紙はお菓子箱などに使われています。再生紙を利用した製品には「グリーンマーク」や「再生紙使用マーク」「牛乳パック再利用マーク」など、リサイクル製品であることを示すマークが付けられているので見たことがある人も多いでしょう。

廃プラスチックは、工場などから排出されたものは土木建築資材やコンテナ、ベンチ、フェンス、遊具などに、近年ではさらに品質が安定したことから自動車のエンジンルームや青果栽培システムの部品など、高性能、高機能が求められる製品にも生まれ変わっています。家庭や一般事業所から出された廃プラスチックからはボトルや包装資材、繊維、文具、日用品などが作られています。

また、分別、品質管理、保管、技術の向上に加え、再生プラスチックの食品用途に関するガイドラインが整ったことで、近年は肉や魚を入れる食品トレーや、サラダやお寿司を入れる容器のフタが作られるなど、利用範囲はますます広がっています。

2020年春には、「い・ろ・は・す天然水」が100%再生ペットボトルで販売すると発表したことも記憶に新しいかと思います。

再生品購入で企業を後押ししよう

ただ、消費者が廃棄物を分別し、事業者がリサイクル材を使って製品化するだけではリサイクルにはなりません。私たちはごみを分別した後、そこで終わらずに今度は、それらを利用して作られたリサイクル製品やエコ製品を買うことが大切なのです。そうして初めて「サイクル」が完成します。

廃プラスチックは、回収、洗浄、粉砕などのさまざまな工程を経て、フレークやペレットといったリサイクル材になります。先の章で述べたように、技術力のない国では廃プラスチックを利用する方が、石油から製品を作るよりも安く簡単です。

ただ、日本のように技術力がある場合は、これだけの手間をかけて作られるリサイクル材を使うよりも、バージン材から製造する方がコストはかかりません。つまり、リサイクル製品やエコ製品は、バージン材を使って作られた製品よりも割高になってしまうのです。また、100%バージン材と同じレベルの品質が保証できていないというマイナス面もあります。

たとえば、1本100円で売っているボールペンの隣に、リサイクル材から作られた1本200円のボールペンが置いてあったとしたら、おそらくほとんどの人は1本100円の方を手に取ることでしょう。「このコップはリサイクル材から作られているんです」といってお茶を出されたら、口にするものだけに躊躇する人は多いと思います。

たしかに2倍もするとちょっと考えてしまいますが、少し値段が高いから、なんとなく抵抗感があるからといってリサイクル製品やエコ製品を消費者が買わなかったら、売れないものを企業は作りません。そうなると、せっかく細かく分別したところで、資源ごみは再生資源として使われなくなってしまいます。

現在は、リサイクル材とバージン材がせめぎ合いを行っている状態ではないでしょうか。企業も利益と環境のどちらに比重を置くべきか悩んでいる状況でしょう。ただ、バージン材には限りがあります。

やはり、世界が団結して、リサイクル材の利用を進めていくべき時です。そのためには、この製品はリサイクル材を利用すると決めてしまうとか、バージン材で作った製品の値段をリサイクル製品やエコ製品の値段に寄せていくというのもいい方法かもしれません。

そして、もっとも効果的なのは、私たち消費者が率先してリサイクル製品やエコ製品を購入していくことです。リサイクルの分野でもしっかりと収益をあげられることがわかれば企業は力を入れて取り組むでしょうし、そこで得た資金を技術開発にあてるといった好循環も生まれるはずです。

消費者は、少しくらい高くても「環境負荷」の少ない製品を買う。事業者は、目先の利益にとらわれずに少しくらいコストがかかっても率先してリサイクル材を選択する。5年、10年先しか見ていなかったら、なかなかこういった行動には移れないかもしれません。でも、廃棄物の処分量はもう限界まできています。ぜひ、もう少しだけ先のことを想って、毎日の行動を変えてみてください。

再生紙トイレットペーパーがずいぶんと柔らかくなったと驚いてみたり、こんなところにもリサイクル材が使われているのかと探してみたり。少しずつ、楽しみながらでいいと思います。一人ひとりの影響力は小さくても、人数が増えていけば、必ず大きな変化につながるはずです。たしかに、安いに越したことはないのですが、私自身も再生品の購入に努めています。

リデュースで絶対量を減らす工夫

「ランチはいつもコンビニ弁当。でも、プラスチック容器はきちんと洗って資源ごみとして出しています」

「最新トレンドの服はすぐに購入。でも、着なくなったらリユースしてもらうために必ず売りに出します」

果たして、これらの人たちは環境にやさしいといえるでしょうか。

プラスチック容器を洗わずに出すことで資源ではないただのごみにしてしまう人より、もう流行っていないからと捨ててしまう人よりは、環境に対する意識があるといえるでしょう。一方通行ではありますが、3R活動にも参加しています。

でも、どこかに「またごみを出しちゃうけど、リサイクルされるからいいか」「リユースするから買っちゃおう」という甘えがあるように感じませんか？


私は、3Rの中で一番取り組むべきは「リデュース（廃棄物の発生抑制）」だと考えています。

まずリサイクル。これはどんなに循環させようと、一旦は廃棄物として誰かに捨てられたことを意味します。

よくリサイクルはお金がかかる、エネルギーの無駄だからやらない方がいいと訴える人がいます。たしかに、回収されてからリサイクル材が作られるまでには、人手をかけざるを得ない工程も多くコストがかかります。

しかし、年々技術が向上しているため、いまでは分別なども機械を使ってできるようになってきていますし、よりよい暮らしのために税金などを使うことはけっして無駄なことではありません。

また、仮に50万トンのペットボトルを回収し、そのすべてをワイシャツやカーペット、卵パックなどにリサイクルしたとします。この場合、すべてを焼却処理するよりも100万トン程度の二酸化炭素の削減になるのです。とはいえ、一度は誰かに捨てられているという事実がリサイクルのマイナス面です。

その点、リユースは誰かが不用と思った瞬間にごみになっていたはずのものが、別の人の手に渡って、洋服なら洋服として再び着られることになりますので、リサイクルより、こちらを進めるべきだと思っています。ただ、製品としての寿命が少し延びただけであって、いずれは廃棄物になる道を辿ります。

どちらも、最終的には廃棄物として捨てられてしまうことを考えると、やはり一番大切なのはリデュースです。

企業は製造段階で無駄になる資源を減らす。また、リユース・リペアにつなげるため耐久性の高い製品を作るよう努力する。消費者は必要でないものを購入しない。双方が、廃棄物になる可能性のあるものを増やさないように心がけることが大切です。

毎日は大変でしょうが、週の何日かはお弁当を持っていけば、レジ袋と弁当容器、割り箸の削減になりますし、さらに水筒にお茶を入れていけば、その日はペットボトルのごみも出さずに済みます。自分の食べるお弁当ですから〝映え〟を気にする必要もありません（笑）。好きなものを、ちょっとだけ栄養バランスを考えて詰めてみたら、だんだんとお弁当づくりが楽しくなるかもしれませんよ。洋服だって、少ないアイテムを着回すことでセンスが磨けるはずです。

つらいだけの努力や我慢は何事も続きませんが、廃棄物の絶対量を減らす心がけの中で、新たな楽しみを見つけられたら、リデュースが生活のいろいろな方面に広がっていくかもしれませんよ。

その日用品、リフィルはありませんか？

私たちは毎日、食べ物のほか、ティッシュペーパーやシャンプーなど、実に多くの日用品を購入しています。日用品は、生活するうえでなくてはならないものばかりですから、これらを買うことはけっして無駄な買い物ではありません。しかし、購入する際にまず心がけてほしいのは、「リフィル（詰め替え）」を選ぶということです。

日用品の多くは一度買ってくると数カ月間は使い続けるので、それが空になって容器を捨てたとしても、使い捨てたという感覚にはあまりならないかと思います。

でも、捨てる際にその容器をよく見てください。ひびが入ったり、穴が開いたりしていませんよね。つまり、容器としてはまだまだ十分に使うことができるのに、中身が空になったというだけの理由で捨てられているのです。

以前は、リフィルはボールペンの芯や、のり、手帳など、文房具くらいにしかありませんでした。ところが、廃棄物の問題と、そこに占める容器の多さが注目されたことで、さまざまなジャンルでリフィルが販売されるようになりました。いまでは、シャンプーやリンス、洗濯洗剤、芳香剤、化粧品など、日用品のリフィルは当たり前になりつつあり、詰め替えがない方が「あれっ」と感じてしまうくらいです。

ただ、２０１９年8月~12月、環境省が8都市を選んで「容器包装廃棄物の使用・排出実態調査」を行った結果、容積比率ではいまだに61・6％を容器包装が占めていました。実は、リフィルが定着してからも、廃棄物全体に占める容器包装の割合は55％前後で推移していて、半分を割ることはありません。

近年、さまざまな商品でリフィルを購入できるのはメーカーが品質管理や流通面でのいろいろな問題を解決して販売してくれているからです。ただ、買う人だけが買って、買わない人がずっと買わなければ、これ以上リフィル商品は増えていかないでしょうし、容器廃棄物も減らないでしょう。

だからこそ、これまで一度もリフィルを買ったことがない人がいたら、ぜひ購入してみてください。数カ月に一度のちょっとした買い物かもしれませんが、ずっと買い続けるものですから生涯で考えたらかなりの量になります。

マイバッグ同様に、〝無駄な容器〟を手にしない、減らそうとする心がけが習慣化すれば、その先の消費行動は必要のないものを買わないようにと変化するはずです。そうした一人ひとりの変化、そしてそれが周りの人にも広がっていけば、数字のうえでも近い将来、大きな効果が表れるかもしれません。

「買いすぎない」がフードロス削減の第一歩

食べ残しや売れ残りなどを理由に、まだまだ食べられる状態で食品が捨てられてしまうことを「フードロス」といいます。

家庭におけるフードロスは、安いからと大容量パックの商品を買ったり、同じく安くなるからとまとめ買いをしたり。逆に、50グラムでいいのに200グラムでしか売っていないからと買ってしまって、その結果、賞味期限までに食べきれずに廃棄することによって起きています。

そもそも賞味期限とは、「おいしく食べられる期間」であって、消費期限のように「ここを過ぎたら食べない方がよい」という日にち設定ではありません。もちろん、安全面のことですし、こういったことは個人の体質によっても違うと思いますが、私の場合は賞味期限に関しては1日、2日過ぎたくらいならそんなに気にしないようにしています。

ただ、食品においても、ほかの商品と同様に、食べきればいいでしょうという考え方で、必要以上に購入する〝くせ〟を見直していくべきだと思っています。

いつ頃からでしょうか、町で八百屋や肉屋、魚屋を見かけなくなったのは。私が子どもの頃は、まだまだ個人経営のお店が多く、合い挽き肉120グラムなんて半端な量でも買うことができました。豆腐屋さんは町内を売り歩いていたので、ボウルを持って朝食分を買いにいくのが朝一番のお手伝いだったんです。ところが、スーパーマーケットでは、袋詰め、パック詰めで販売している商品が多いため、特に生鮮食品は必要以上に買わざるを得ないのが現状でした。

しかし、フードロスの問題が注目されるようになり、最近はスーパーマーケットでも、タマネギやニンジンなどの野菜のばら売りや、対面での鮮魚・精肉販売コーナーを設けて必要な分だけを買えるような店舗も増えています。

袋詰め、パック詰めの商品より割高なものが多いようですが、過度な容器包装もされていないため廃プラスチックの削減にもつながりますので、ばら売りで購入することもおすすめです。

また、家庭でのフードロスは調理を工夫することでも減らすことができます。たとえば、大根を煮るときは、皮を厚く剥いた方が、味が染みておいしくなりますが、もったいない気もしますよね。でも、その皮できんぴらを作れば、立派なフードロス削減活動なのです。

2017年度の日本の食品廃棄物発生量は、約612万トン。これは、国民一人あたり毎日お茶碗一杯分の食料を捨てているのと同じで、国連世界食糧計画（WFP）の年間支援量の1・5倍に相当します。

世界では、生産されている食料の量は十分なのに、いまだに6億9000万人が飢えに苦しんでいます。国内に目を向けると、経済格差が進んだ影響で家計が厳しく栄養不足の子どもも増えているそうです。たくさんの食料を輸入し、そして捨てている日本の一員として、このような現実にはとても胸が痛みます。

家庭のフードロスなんてほんのわずかだし、これくらい削減しても大して変わらないだろう、と思うかもしれません。でも、廃棄物の問題を解決するために大切なのは、〝無駄なものを買わない〟と消費行動を改めることです。そして何より、いまだに多くの人が飢えに苦しみ、育ち盛りの子がお腹いっぱいに食べられないという事実があることを忘れないでください。

復活する懐かしの「量り売り」

リフィルの登場を喜びつつ、極論をいえば、空のボトルを持っていくとドラッグストアでシャンプーを詰めてくれるのが理想。でも、シャンプーだけでも20種類近くが店頭に並ぶ時代、さすがにそれは無理な話かなと諦めていました。

ところが近年、食料品では量り売りをする店舗が少しずつではありますが増えているそうです。

何度も子どもの頃の話をして恐縮ですが、醤油やお酒などは、酒屋へ一升びんを持っていくと店員さんが漏斗を使って丁寧に注いでくれ、中身だけを売ってくれました。味噌もそう。いまと違って形がまちまちな野菜や果物も量り売り。アメやせんべい、クラッカーなどのお菓子も個包装なんてされていなくて、何枚、何グラムと頼めば、ガラスケースから取り出して紙袋にざっと入れてくれました。昔はそれが当たり前だったのです。

量り売りが増えてきているとはいえ、その商品はドライフルーツやチョコレート、ナッツ、シリアルなど、まだおやつ寄りな感はあります。ただ、持参したびんにも詰めてくれる醤油専門店や、リユースボトルにビールを詰めてくれる店舗も誕生しています。

容器削減にもなりますし、フードロスをなくすために量り売りが見直されているのはとてもよいことだと思います。空のびんを持っていくなんて重たいし、面倒くさいと言わずに。懐かしさに浸るというよりかは、そんな不便さを楽しめるくらいの余裕を持って過ごしたいなと感じました。

廃棄物だって役に立つ！

「エコキャップ運動」という活動をご存じの方も多いと思います。それまで分別回収されていなかったペットボトルのフタを集め、資源ごみとして販売し、そのお金の一部で途上国の子どもたちにワクチンを寄付していく活動です。開始から15年以上が経過し、いまでは全国各地で、さまざまな団体によって行われています。

私の会社でも、「認定NPO法人 世界の子どもにワクチンを日本委員会」の活動に賛同し、エコキャップの回収・買い取りを行っています。

ペットボトルの本体は資源なのに、キャップはごみとして捨てられていることに疑問を感じた高校生たちが始めた活動が、いまでは全国規模にまで広がりました。とても小さなキャップですが、多くの人が参加したことで大きな成果を上げることができています。

身近で、簡単なところから、小さなことでもやってみる。その大切さを示してくれた好例だと思います。

エコキャップ運動のほかにも、書き損じハガキや使用済み切手、不用になった本やDVD、ゲームを寄付することで、廃棄物が減らせるうえに、社会貢献に役立てる活動をしている団体は結構あります。役目を終えたランドセルをアフガニスタンに送る「思い出のランドセルギフト」も素晴らしい取り組みだと思います。

ヤフオク！やメルカリで小遣い稼ぎをするのもいいですが、社会の一員として、このような団体に協力して誰かのために役立つことをするのもときには必要だと思います。

プラスチックフリージュライに挑戦！

3R活動が日常生活に浸透してきた現在、さらに4R、5R……と、廃棄物削減のためのいろいろな取り組みが提唱されています。その順番はさまざまにありますが、一般的に4番目とされるのがRefuse（リフューズ）です。

これは本章でもずっとお伝えしてきた「無駄なものを買わない」ということをさらに強調して、「無駄なものを拒否する」「必要ありませんと意思表示しよう」というようなニュアンスになります。

2011年にオーストラリアで始まった「Plastic Free July（プラスチックフリージュライ）」は有名なリフューズ活動。7月だけでも使い捨てプラスチックの使用を止めてみようという取り組みです。

期間は「1日」「1週間」「1カ月」「これからずっと」から、拒否するレベルも「使い捨てのプラスチック包装（お弁当容器など）を避ける」「テイクアウト系のプラスチック（レジ袋、ストローなど）を避ける」「プラスチック製品をいっさい使わない」から、参加者自身が選んでチャレンジできます。

1日参加したくらいで……と笑わないでください。1日成功できたら次の日もやってみようかな。包装もテイクアウトも使わないでいられるようになったから、今日はいっさいプラスチック製品を使わないで過ごしてみようと、チャレンジ精神に火がつくものです。その証拠に、10回目を迎えた2020年は世界177カ国から1億人以上の人が参加しました。

ひと月、いや1日だけでもこの活動に参加した人は、いかに身の回りにプラスチック製品があふれているかに気づかされると思います。きっと、参加したとしないとでは、翌年7月までの11カ月間の過ごし方はまったく違うものになるはずです。

最初は短い期間から、1アイテムだけを決めて取り組むのでもいいそうなので、今年は私も参加しようと思っています。社員のみんなにも声をかけて、達成できた人を表彰してみるのも面白いかもしれません。廃棄物を取り扱う企業として、世界の人と一緒にプラスチックの削減に挑戦するなんて、わくわくする体験になりそうです。

世界中、一人ひとりの努力が大切

廃棄物の処理は地球全体の問題です。だからこそ、いま世界ではリユース、リサイクル、リデュース、リフューズのほかにも、さまざまな「R」の活動が進められています。

本章でも少し触れたRe-buy（リバイ）やRepair（リペア）、

Reform（リフォーム）、Return（リターン）もそうですし、購入後に何回着るかわからないドレスや休みのときくらいしか乗らない車は、Rental（レンタル）しようというのもそのうちのひとつです。

また、原型のままではもうリユースできなくなったものを、今度は材料として使い、別のものに形を変えてまた使い続ける「アップサイクル」も盛んに行われています。使用済み段ボールから財布を作ったり、不織布マスクからイスを作ったりするアーティストたちや、太陽光パネルからテーブル、樹脂の窓枠からブローチなどを製造している群馬県前橋市の会社がメディアで取り上げられています。

いまは、海洋生物保護、地球温暖化、大気汚染、資源枯渇など、主とする目的に違いはあれども、世界中で多くの人たちが自分たちの住む地球環境のことを考えて廃棄物の削減に取り組み始めています。

リユースばかりしていたら経済が回らないなどという人もいますが、もう経済成長だけを考えている状況ではありません。いままでのような生活を続けていたら、あっという間に地球は廃棄物であふれてしまいます。だからこそ、小規模でも一人ひとりが廃棄物の削減のためにできることは、今日からすぐに取り組むべきです。

生活様式を改めることには、大きなストレスを感じるかもしれません。でも、ごみを分別するのだって、最初のうちはそうだったはずです。私たち人間はこれまで地球に相当な無理をさせてきたのですから、少しくらい、一緒にがんばってみませんか？　もちろん、私も一緒にがんばっていきたいと思っています。

第3章

ごみを〝チャンス〟に変える知恵と努力

これからの時代に求められるのは「ストーリー」

これまで、企業はつねに新製品を安く市場に出すことに注力してきました。それは、私たち消費者が、安く買うこと、そして新しいものに囲まれた生活を望んできたからといえるでしょう。

そうしてでき上がったのが「作りすぎ、買いすぎ、捨てすぎ」「大量生産、大量消費、大量廃棄」の社会です。

しかし、このライフスタイルは自然を削り取ることで成り立っています。その結果、無限と思われていた資源は枯渇しつつあり、当たり前のように生じてきた廃棄物は処理しきれないほどになってしまいました。

このままではいけないと、誰もが感じ始めているのではないでしょうか？ そんな消費者の心理を感じ取り、企業も変わりつつあります。

たとえば、ＩＫＥＡ（イケア）では、「循環型の持続可能な消費の促進」を提案。環境負荷の少ない製造方法を選択し、再生可能素材とリサイクル素材を積極的に使用。所有者の生活環境に合わせてデザインやサイズ変更を可能にすることで長く愛着を持って使い続けてもらえるように製品を作っています。

さらに、購入後はメンテナンスや修理をすることで製品寿命を延ばすことに努めるとともに、不用品は下取り、修理、調整したうえで再販売も実施しています。

「なんだって新しい方がいいに決まっている」
「安いに越したことはない」

これまでは、この考えに基づいて消費が行われていました。

でも、いま、少しずつではありますが、私たちは変わり始めています。

「少しくらい高くても、環境にいいものを、長く使い続けられるものを買おう」と。

消費意欲を刺激して必要以上に買わせていた責任の一端は企業にもありました。だからこそ、これからは5年先、10年先の利益を追いかけるのではなく、将来の地球環境、人々の暮らしを想って、プロダクトストーリーのある商品の提供を目指してほしいと思っています。事業者と消費者の双方が同じ方向を向けば、現状は改善できるはずです。

この章では、有名企業や海外での環境への取り組みをご紹介していきます。その中で、私たちに「もっとできること」を探っていくことにしましょう。

段ボールはリサイクル率100%!?

自宅で過ごす時間が増えている昨今、お世話になっているのが「アマゾン」「楽天」などのネットショッピングではないでしょうか?

ただし、同時にいくつか注文をしたとしても、同送されるとは限らず、本人的には1回の注文なのにいくつもの段ボールが届いたという経験をされた方も多いのではないでしょうか。気がつくと、家の中が空き段ボールでいっぱいなんてことも……。

しかし、安心してください。段ボールは、きちんと捨てれば、「100%」リサイクルすることができます。

「ほぼ」と付けるべきかもしれません。ただ現在、日本では95%以上の段ボールが回収されている点、新たに段ボールを作る際に使われる原材料の90%が回収された段ボールである点を考えると、「すべての」と言いたくなってしまいます。

再生段ボールを作る際は水を加える程度の工程で済むため、二酸化炭素の排出量も少なく、また再生品でも強度が劣ることがないため、段ボールは「リサイクル界の優等生」と呼ばれています。

さらに、汚れなどを理由にリサイクルできなかった場合も、段ボール原紙は古紙とパルプ、糊（コンスターチ）といった天然資源から作られているため自然に還すことができます。段ボールは、とても自然にやさしい包装材なのです。

ただ、荷物が届く際に中身を守ってくれている緩衝材は、優等生とはいえません。あまりに過剰な梱包は、極力控えるべきだと思います。そのためにも、多少コストはかかりますが、個々の商品に適正サイズの段ボールを用意したり、段ボール原紙を使って中身を固定したりする工夫がますます必要になってきます。

これほど高いリサイクル率を叶え、なおかつ環境負荷の少ない材質はまだこのふたつくらいです。しかし、今後、技術が進歩していけばほかの材質でも環境負荷を抑えたリサイクルが可能になることを期待しています。

なぜ、ペットボトルは柔らかくなったのか？

日本にペットボトルが登場したのは1977年、醤油の容器として使われたのが最初でした。1982年に清涼飲料水の販売が開始されるとその利用範囲は広がり、現在では、ジュースのみならず、ワインやなんとビールなど、さまざまなものがペットボトル容器で売られています。

2019年度には清涼飲料用のペットボトルだけで236億本も出荷されています。あまりにも大きな数字でピンとこないかもしれませんが、日本では1秒間で換算すると約763本、一人あたり年間約187・5本も手にしていることになります。

ペットボトルの本格的なリサイクルが始まったのは1993年からで、2001年4月には、リサイクル効率を考えて着色ボトルを廃止したことで再生ペット樹脂がフリースなど、衣類の原料としても使われるようになりました。

使用済みペットボトルの2019年度の回収率は93%。街のあちこちにドリンク専用リサイクルボックスが置いてあることからもわかるように、日本は世界的にも高い回収率を誇っています。

環境問題を考えるとき、ペットボトルがやり玉にあげられることがあります。たしかに、一部に植物性由来ペット樹脂や再生ペット樹脂が使われるようになったとはいえ、ペットボトルのほとんどは石油由来。新規に製造するためには新たに天然資源である石油を採掘する必要があり、環境負荷は大きい製品です。

そのため、事業者は、容器としての利便性が高いペットボトルは使い続けたいけど、環境負荷は抑制しなくてはならないと、つねに頭を悩ませてきました。

最近のペットボトルは柔らかいものが多くなりました。初めて柔らかいペットボトルを持ったときには、「割れないかな」と不安を感じたものでした。

つぶしやすくして資源ごみで出すときに場所を取らないようにしたというのも理由のひとつですが、一番の目的は本体を薄くすることによって原材料を削減することでした。薄いペットボトルを作る＝薄肉化・軽量化への取り組みは２０００年代になるとすでに始まっていて、実は気がつかないところで、少しずつペットボトルは薄くなっていました。

ただ、必須である強度の確保は一気にとはいかず、成形技術や充填技術を改良していきながら、やっと現在の薄さにまで辿り着いたのです。

『ＰＥＴボトルリサイクル年次報告書２０２０』によると、２０１９年度は基準年である２００４年と比べて、24・8％の軽量化率と18万５２００トンもの削減効果量を達成しています。なかには、40％の軽量化を目標にかかげるメーカーもあり、今後は各社が０・１グラム単位での軽量化を競っていくと思われます。

100%「ボトルtoボトル」の衝撃

2004年4月から、再生ペット樹脂を配合して製造された「ボトルtoボトル(以下、BtoB)」の製品が市販されるようになりました。しかし、食品に用いられるペットボトル容器は透明度が重要であるため、これまで再商品化する際に使われる再生ペット樹脂の割合はそんなに高くありませんでした。

ところが2020年3月、コカ・コーラシステムが「い・ろ・は・す天然水」を100%再生ペットから作ったボトルで販売すると発表して話題になりました。100%BtoBでは、バージン素材から作るのと比べて二酸化炭素排出量を49%も削減できることを考えると、環境への負荷を劇的に抑えることができます。

ペットボトルの着色の禁止や薄肉化・軽量化、BtoBの製造は法律で定められたものではなく、業界団体とメーカーが協働して行ってきたものでした。そのかいあって、製造から供給までの環境負荷は消費量の増加と比較した場合、緩やかな上昇に抑えることができています。

キャップの軽量化やラベルを薄くする取り組み、ラベルそのものを使わないラベルレスペットボトルの販売も始まっています。

ちょっと触っただけでは気づかないようなマイクロメートルという単位でのラベルの厚さの追究。薄くなったボトル本体にさらに困難なエンボス加工を施す技術……。

実現のためには多額の資金がかかっていると思いますが、利益だけを考えずに未来を見据えた行動とその経営理念は高く評価しつつ、私自身も見習うべきだと考えています。

企業の利益につながる「エコ活動」

ペットボトル同様、廃棄物問題を考えるときに必ず削減対象として挙がるのが、食品用プラスチック容器です。このプラスチック容器については現在、多くの事業者が使用量や利用頻度の削減に努めています。

たとえば、セブン‐イレブンでは、サラダシリーズのカップデリのふたをトップシールに変更しました。ふたを使っていた従来の容器と比べて、1個あたり約25%のプラスチックが削減できるそうです。

また、2020年6月から首都圏の店舗で販売する牛丼やグラタンなどのチルド弁当の容器を、従来のプラスチックから紙製容器に切り替え始めました。もちろん、電子レンジでの温めは可能な容器です。全国の店舗でも順次導入していく予定ですが、初年度だけでも800トンものプラスチック使用量の削減が見込めるそうです。

そのほか、おにぎりやサンドウィッチを包むフィルムとインキは、2016年から植物由来のものに原料を変更。酒類用の紙パックは中にアルミを貼らないノンアルミパック素材に変更したことで、紙パックとしてのリサイクルを可能にしたり、セブンカフェでもホット用カップやスリーブに間伐材を使用したりしています。

スーパーマーケットのイオンでも、食品トレーの薄肉化やエコトレーの導入を進めるなど、プライベートブランドにおいて環境負荷の抑制に取り組んでいます。

たとえば、リサイクル効率も考えて、従来は弁当やサラダのふたに2枚貼っていたシールを商品名と原材料などの情報をまとめることで1枚に削減しました。

そんな小さなものを減らしても……と思うかもしれませんが、1年間で1500万枚近くのシールが削減できたと聞くと、やはり大きな成果ではないでしょうか。

紙製お持ち帰り手提げ袋の導入やイートイン（店内飲食）時のリユース食器の利用など、早くから環境配慮型容器包装の利用や省エネ活動に取り組んできたモスバーガーは、2017年10月に飲食店で初となる「エコマーク認定」を受けたほか、翌年の「エコマークアワード2018」では「エコ・オブ・ザ・イヤー」を受賞しています。

このような活動を進めることは、手間と資金のかかることです。ただ、健康志向のファストフードを打ち出す同社にとって、「地球にやさしい」というお墨付きを得られたことは、さらなるイメージアップや経営理念の後押しになるはずです。

現在、テイクアウト需要が増えたことで家庭から出る廃棄物で容器ごみの占める量が多くなっていることは、処理する側の私自身が身をもって実感しています。

買わなければ、廃棄される容器をなくすことはできるでしょう。しかし、忙しい現代人にとってお惣菜やお弁当を買うことは、もはや生活の一部になっています。

だからこそ、これらを扱う小売店や飲食店では、プラスチックの削減のみならず、廃棄物の分別とリサイクル活用にも日々尽力しているのです。

プラスチックに変わる新たな素材

プラスチックは、軽くて丈夫、耐熱性があり、酸素や水分を通しにくく、油にも強くてサビや腐食の心配がない。加えて、透明性が高いことから着色がしやすく、成形が容易で複雑な形でも効率よく大量生産できることから多くの製品に使われてきました。

しかし、消費者の手元に届くまで「腐食しない」というメリットが、消費者の手元に届いて容器が不用となった途端、「自然に還らない」というデメリットに変わります。つまり、大量のプラスチック製品を作った結果、大量の廃棄物を生んでしまうのです。

この問題を解決するために、まず注目されたのが、再生プラスチックの活用です。現在、コンビニなどで見かけるプラスチック容器のほとんどは再生プラスチックを配合して作られています。

また、ファッション業界でもプラダやステラマッカートニーなどの有名ブランドが、ナイロン製品のすべてを再生素材に移行すると発表しています。さらに、ソニーでは多様な製品に活用できる再生プラスチック、「SORPLAS（ソープラス）」を独自開発し、すでにテレビやカメラ製品に用いています。

次に注目されているのが、トウモロコシやサトウキビ、ココナッツなどの食用できない部分から作られる「バイオマスプラスチック」です。

読者のみなさんには、「バイオマス」と聞くとすべてがエコなイメージに思われるのではないでしょうか？　しかし、実は必ずしも自然に還るとは限りません。ただし、枯渇が心配されている石油を過剰に使わないため、今後ますますバイオマスプラスチックの使用量は増えると考えています。

さらに一歩進んだ、トウモロコシのでんぷんからできた合成樹脂と、牛乳パックなどからできた紙を合わせて作った「パプラス」、食品会社から大量に廃棄されていた卵の殻を配合した「プラシェル」などが開発されているほか、世界中にまだ大量に存在する鉱石、石灰石を原料の6割に使った新素材「ＬＩＭＥＸ（ライメックス）」もプラスチックの代用品として注目されています。

また近年、耐水性と耐熱性が高く、強度もプラスチックに劣らない紙素材が開発されたことで、紙製品への移行も進んでいます。しかし、紙製品の割合が高まれば間伐材では足りなくなり、新たに木を伐採する可能性も考えられます。

脱プラスチックを進めるためには、廃棄物、地球温暖化、海洋プラスチックなど、多方面から検討・検証し、バランスよく取り組んでいくことが大切だと思います。

現代の牛乳配達「Ｌｏｏｐ」の挑戦

どんな素材の容器でも、それが「ワンウェイ」であるかぎり、必ず一度は捨てられてしまうため、廃棄物量は減少しません。では、どうすれば廃棄されるものを減らすことができるのでしょうか。

その解決に乗り出したのが、世界21カ国200社以上の企業と協働して資源循環の仕組みづくりに取り組むアメリカの企業「テラサイクル（TerraCycle）」の循環型eコマースショッピングシステム「Loop（ループ）」です。

「牛乳配達」のように、洗濯洗剤などの日用品やアイスクリームなどの食品の容器を「デポジット制」にして、中身がなくなったあとに容器を回収すると返金されるシステムを構築したのです。

Loopで商品を流通させるためには何度も使うことのできる耐久性のある容器の製造が求められます。これは大幅なコストアップを意味しますが、長い目で見ればコストパフォーマンスに優れている点や、何より廃棄物を削減できることから、立ち上げの段階でユニリーバやネスレなど、41社もの世界的企業が参画しました。

お金をかけて作られた容器はデザインも凝っているうえに、機能性も高いと評判です。たとえば、プラスチックとステンレスを合わせたウェットティッシュの容器は中身より高いにもかかわらず、最後の一枚まで乾かないと評判になり、ECサイトの売り上げベスト3に入っています。

また、手で持っても冷たくなく、室温でも溶けにくいハーゲンダッツの二重構造ステンレス容器も人気です。

アメリカやヨーロッパでの実証実験に続き、2021年春からは日本でも資生堂や味の素、キッコーマン、江崎グリコ、P&Gジャパンなど、大手22社が参画してサービスの提供が始まります。

現代の牛乳配達Loopによる詰め替えビジネスが浸透し、「捨てるという概念を捨てよう」というテラサイクルの理念が広まれば、近い将来、世界中からただ埋め立てられるだけの廃棄物がなくなる日がくるかもしれませんね。

「完璧を求めすぎない」がフードロスを減らす

私が、もっとも「もったいない」と感じるのは、まだ食べられる食品が廃棄されてしまっていることです。

第1章でも必要以上に買わないことや、調理を工夫して廃棄量を減らしましょうとお話ししました。ただ、国内のフードロスの半分以上は食品メーカーから製造段階で出たもの、小売店の売れ残り、飲食店の食べ残しです。

日本人は、世界の中でも特に製品の見た目にこだわる国民と言われていて、流通前段階で「パッケージ不良」があると廃棄される食品もありました。ところが2021年、そんな風潮に反する出来事がありました。1月12日に発売予定だったサッポロビールとファミリーマートが共同開発した「サッポロ開拓使麦酒仕立て」という商品のラベルにスペルミスが発見され、販売中止になりました。

「LAGER」と書かれるべきところが「LAGAR」と綴られていたのがその理由でした。従来でしたら、これだけの理由でこの商品は全品廃棄になっていたことでしょう。

しかし、廃棄するのはもったいないという消費者の声が多く寄せられたことで、一転、2月2日にそのラベルのまま発売されることが決定しました。物珍しさもあったのかもしれませんが、それまで事業者に完璧を求め、商品の廃棄をあまり気にかけてこなかった日本でこのような声があがるのは意外でした。

企業だって、せっかく作った商品を捨てたくはないのです。この事例からもわかるように、私たち消費者が考え方を改めれば、フードロス抑制につながるのではと強く感じました。

食品廃棄物の半減を目指すEUの取り組み

大手スーパーマーケットチェーンやファストフード店でも、売り上げ予測や発注精度の向上、アフターオーダー方式の採用などで必要以上に作らないようにしています。また、品質に問題のない食材はフードバンクを活用して各種福祉施設や生活困窮者に無償で提供。調理過程で出た廃棄食材や売れ残り食品などは堆肥にして野菜を育て、できた野菜を店舗で使用する試みも行われています。

もちろん、個人店でもフードロス削減に取り組む店舗は増えていて、カフェが集まる東京都の蔵前ではいくつかの店舗と福祉作業所が協力して、珈琲の抽出かすや欠点豆を集めて鶏ふんと合わせた「+Coffee」という園芸肥料を製造しています。

近年は、フードロスに取り組む自治体も増えていて、私の会社でも藤枝市の「生ごみの肥料化リサイクル」プロジェクトに協力しています（詳しくは第5章）。

世界に目を向ければEUでは、2030年までに小売りと消費レベルでの一人あたりの食品廃棄物を半減させる目標を掲げました。

なかでも、フランスは2013年から2025年までに半減する目標を設定。大型食料品店にはひとつ以上の慈善団体と消費可能な売れ残り商品を無料配送で寄付する契約を結ぶように義務づけるなどし、違反した場合は罰金を科す法律を制定しました。

日本にはフランスほど強制力のある法律は、まだありません。しかし、日本の一人あたりの年間食品廃棄量は世界で第6位、アジアでは第1位という事実があります。

食品メーカーや小売店は賞味期限表示などを見直したり、飲食店では気軽に持ち帰りできるようにしたりするなど、社会全体の認識の変化、そして消費者の意識改革も必要ではないでしょうか。

廃棄物で動く「夢の乗り物」

2020年末から2021年の初めにかけて、廃棄物を活用した面白い試みが行われています。12月1日からスタートしたマクドナルドと昭和電工、川崎市が連携したプラスチックごみ水素化プロジェクトです。

これは、同市内のマクドナルド8店舗から回収された廃プラスチックを高温分解して低炭素水素を取り出し、燃料電池車（以下、FCV）に充填。FCVが電気に変換したエネルギーを配達用電動バイクに充電させるというものです。

まだ、実証事業ではありますが、身近にある企業のこうした取り組みから、分別の重要性、資源ごみへの理解を広めるいいきっかけになればと思っています。

もうひとつは、日本航空（以下、JAL）の「10万着で飛ばそう！ JALバイオジェット燃料フライト」です。古着（綿）から製造した国内初の非化石燃料を通常のジェット燃料と合わせてジェット機を飛ばすプロジェクトで、2021年2月に羽田―福岡線でのフライトが実現しました。

古着を使ったジェット燃料の商業利用はコスト面ほか、課題も多くフライトは今回限りとなっていますが、JALでは、廃プラスチックを活用した非化石燃料の製造や販売を準備中で、2025年頃の商用化を目指しているそうなので、今後とも注目したいと思っています。

このリサイクルがすごい！

私がいま、もっとも注目しているリサイクルが〝服から服を作る〟リサイクルです。

BRINGは、東京都にある日本環境設計株式会社の運営するD2C（Direct to Consumer）のアパレルブランド。個人や小売店などから不用になった服を回収し、それを再資源化して新たな服を作って販売しています。

これまでも、古布を裁断してフェルトを作り新しい服にする、服から服を作る活動はありました。しかし、BRINGのすごいところは、「BRING Technology」という独自のリサイクル技術を用いてポリエステル製の服を化学分解し、石油由来と同品質のポリエステル原料に再資源化して新たな製品を作っているところです。

このように単なる原材料ではなく、分子レベルで原料に戻して再資源化する方法を「ケミカルリサイクル」といいます。つまり、100%ポリエステル製の服1着から、石油を一滴も使わずに、新しい服をほぼ1着作ることができるのです。

これまで、プラスチックやペットボトルの再資源化は、粉砕してフレークやペレットと呼ばれる再生原料にする「マテリアルリサイクル」が主流でした。しかし、再生プラスチック製品は、いずれ品質の劣化が生じるためリサイクルし続けることはできませんでした。

一方、ケミカルリサイクルの場合は、分子レベルで原料に戻すため、その先はバージン材を使って製造するのと変わりがなく、永遠にサイクルを回し続けることができることから、もっとも効果的なリサイクルとしてさまざまな原料での実用化が急がれています。

BRINGでは、再生ポリエステル原料「BRING Material（樹脂、糸、生地、服など）」をさまざまなアパレルブランドに提供。また、BRING Technologyでは、綿からバイオエタノールを作るケミカルリサイクルにも成功していて、先述のJALのバイオジェット燃料の開発にも協力していました。

実は、ファッション・繊維産業は、「世界で2番目の環境汚染産業」といわれていて、日本国内だけでも家電の60万トンに対して、衣服は100万トン、ファブリックを含めると200万トンもの繊維が廃棄されています。海洋プラスチックのように可視化されていませんが、洋服の廃棄も世界的な問題だったのです。

このような現状もあって、ＢＲＩＮＧのケミカルリサイクル技術には大きな期待を寄せています。廃棄物を「地上資源」と呼び、半永久的に使い続けようとする同社の考え方、取り組みは称賛に値すると思っています。

しかし、せっかく技術があっても、いままで通りに服が捨てられ続けていたのでは宝の持ち腐れです。そうならないためにも、私たち一人ひとりが「着なくなった服は資源だ」という認識を持って、再資源化に協力していくことが必要なのではないでしょうか。

ＢＲＩＮＧではさまざまな回収参加企業の店頭で、服の回収を実施しています。あなたも見つけたらぜひ、協力してください。

日本が資源を「輸出」する国になる!?

リユース市場が盛り上がると新製品が売れなくなり、経済が停滞すると言う人がいます。それと同様に、リサイクル材の利用が増えれば、バージン材が売れなくなることを懸念する人もいます。

しかし、考えてみてください。プラスチック製品の製造にバージン材を使うためには、新たに石油を採掘しなくてはなりません。でも、石油は永遠に地中に存在し続けるものでしょうか？

世界中でリサイクルを進めているのは、廃棄物を埋める場所がなくなることだけが理由ではありません。ほんの少し前まで、私たち人間は後先考えずに大地を掘りおこし、森を切り崩してきました。

ただ、ここ最近、やっとそれらの恵みが有限であることを知ったのです。

マテリアルリサイクルについては、強度などの問題もあり、世界的にもバージン材を求める傾向がありました。しかし、今後さまざまなジャンルや素材でケミカルリサイクルの技術が開発されるはずです。その品質が上がっていけば、リサイクル材を使用する範囲はどんどん増えていくでしょう。

そう考えると、日本にとっては大きな「チャンス」といえるのではないでしょうか。

いま日本は処理しきれないほどの廃棄物を抱えていますが、ケミカルリサイクルを進めることで、これらのものを資源に変えることができます。日本が近い将来、資源を輸入する国から輸出する国へと転じる可能性も秘めているのです。

そのためにも、製造業を初め、各事業者がリサイクル材の導入を進め、技術開発を後押ししていくことに期待したいと思います。

Jeff Ferguson 2008

第4章

「空き家・不用品」への取り組みで地域を救う！

過去最大を記録した「空き家」の数

みなさんの家のあちこちに散らばっている大小さまざまな不用品を一箇所に集めてみたとしたら……。それがもし、6畳分もあったとしましょう。それは、ほぼひと部屋を〝無駄〟にしていることになります。

オフィスやご自宅などで家賃を払っている人でしたら、不用品のためにお金を払っていることになるわけです。いますぐ、なんとかしたいと思ったのではないでしょうか？

なんとなく置いたままになっている不用品ですが、それが置かれた家や土地を金銭に換算してみると、かなりの無駄であることに気づいていただけるはずです。

前章まで、捨てすぎることを問題に話を進めてきました。この章では、逆に〝持ち続けること〟で生じている問題に焦点を当てていきたいと思います。

その筆頭は、「空き家問題」です。総務省統計局が発表した「平成30年住宅・土地統計調査」によると、2018年10月1日時点での全国の空き家総数は約849万戸でした。これは、総住宅数約6241万戸の13・6％にあたり、前回調査が行われた2013年と比べて約29万戸も増加しています。現在の基準で、調査を開始した1963年以降で過去最大の数字を記録したそうです。

空き家の内訳を見ると、賃貸用の空き家が、50・9％と半分を超えています。賃貸住宅市場は流動的なため、居住者がいない物件が多くあるのは当然のことかもしれません。ただ、ここで注目したいのは、次に多いその他の空き家で41・1％を占めているという点です。

その他の空き家とは、主に、入院や転勤などで長期間居住者がいない状態や建て替えを待っている住宅などを指します。近年、「空き家問題」として取り上げられる住宅の大半が、このその他の空き家であるといえるでしょう。

長い間、誰も住んでいない、取り壊すかどうかもわからない状態で放置されたままの家が、全国に約３４９万戸も存在している……。まずは、この事実を覚えておいてください。

2025年以降、さらに社会問題化する!?

戦前までの日本は、マンガ「サザエさん」のように2世帯、3世帯が一緒に暮らす家庭が多くありました。ところが、高度経済成長期を経て会社勤めのサラリーマンが増加すると、就業場所のある都市部へと人口の移動、集中が起こり、急激に核家族化が進行します。都市部を中心に、「1世帯1住宅」の必要が生じ、住宅不足が問題になります。

このような状況を解消するため、戸建てはもちろん、マンションなどの集合住宅も盛んに建設されました。1973年には、史上最高の190万戸もの住宅が新設されたそうです。

やがて、15年くらい前からニュースなどで、孤独死が取り上げられることが多くなりました。一世帯一住宅が進み、親と子が別々の家で暮らすようになると、高齢化した両親は夫婦で、夫か妻が亡くなったあとも一人で暮らすようになり、一人で亡くなるケースが増えたのです。その場合、その人たちの子どもは別に住宅を所有しているため、親御さんが住んでいた家は「空き家」になります。

団塊世代が夢のマイホームを手にした結果、その両親が高齢化した平成後期から「空き家」問題が徐々に注目されるようになりました。


また近年、少子高齢化の日本では「2025年問題」というものが議論されています。団塊の世代が75歳以上の後期高齢者になることによってさまざまな問題が起きるというのです。

5人に1人が後期高齢者になることで、医療、福祉、介護などの直接的な問題が取り上げられる一方で、もうひとつ、深刻な問題となっているのが、単独世帯の急増。つまり、これまで以上に独居老人が増えることになるのです。

多くの人がマイホームを手にした団塊世代。彼らが、75歳以上を迎える2025年以降、「空き家」の数はますます増加が見込まれ、大きな社会問題になると考えられています。

どうして新築の家が増え続けるのか？

ここに驚くべき数字があります。

2020年、日本で新設着工された住宅の件数は81万5340戸です。「空き家」は、総世帯数に対して総住宅数が上回ることにより発生します。

人口減少の進む日本では、2014年の4929万世帯をピークに一般世帯総数は減少し続けています。

ところが、オイルショックやバブルの崩壊など、経済の低迷時期を経験したにもかかわらず、リーマン・ショックの煽りを受ける2009（平成21）年まで、40年以上もの長きにわたって、日本では新設住宅着工戸数100万戸以上の時代が続いていました。

日本同様に人口が減少しているドイツでは、住宅の新設はこの25年くらいで半分以下にまで激減していることを考えると、日本の新設着工戸数が不思議でなりません。

欧米諸国の中で比較的空き家が多いといわれるイギリスやドイツでさえも、総住宅数に対する空き家の割合は数%程度であることを考えると、2けたを超える日本がどれだけ空き家が多いかがわかるかと思います。

誰も住む予定のない住宅をそのまま持ち続け、世帯数が減っているのに、家を建て続けている日本――。

ここまで見てきた廃プラスチックやフードロスと重なるように大量に生産し、とっかえひっかえ新しいものを購入、交換する現象が住宅事情でも起きているのではないでしょうか。その結果、世界に類を見ないスピードで「空き家」の数は増加しているのです。

日本に残る根強い「新築信仰」

なぜ、人口が減少しているにもかかわらず、日本ではいまだに大量に新しい住宅が建設されているのでしょうか。

それは、日本人が根強く持つ「新築信仰」に原因があると思います。

世界に目を向けると、住宅市場における中古住宅の割合は、アメリカ8割、イギリス9割、フランス7割ととても大きな割合を占めています。一方、日本では2割程度しか中古住宅は流通していません。

日本では「家を買う」というとほとんどの場合、新築を購入するか、新しく建てることを意味しますが、欧米ではむしろその方が珍しく、たいていは中古物件を購入し、リフォームして住むことを指すそうです。

木造建築が一般的であり、しかも高温多湿、地震の多い日本では新築の住宅が好まれてきました。耐久性、耐震性を考えた場合、たしかに新しい方が安心感を得られるという心情にも納得はいきます。しかし、木造でもきちんと手入れを続けることで立派に現存しているものはたくさんあります。木造だから長く持たないということはないのではないでしょうか。

いま私たち家族が住んでいる家は、宮大工だった義父が自分のところの職人を用いて、あれこれと指示を出しながら建ててくれた家なんです。もう30年ほど住んでいますが、まったく歪みはありません。素晴らしい職人技ですよ。おかげさまで、いまでもとても心地のよい我が家です。ずっと大切に住み続けていきたいと思っています。

一生に一度の大きな買い物だからこそ新築をという気持ちもわからなくはありません。でも、このような日本の現状は、家を消耗品のように使い捨てているように感じてしまいます。

必要以上に作りすぎない。作るなら、費用がかかっても長く住み続けられるように設計する。住まないのなら積極的に中古市場に出す。中古を積極的に購入する。そして、修繕し大切に住み続ける。

２０２５年がピークではありません。その後も続くであろう「空き家」問題。これを解決するためにも、日常生活の取り組み同様に、３Rの考え方が大切になってくるはずです。

「空き家」を放置し続けると……

誰かが住んで騒音を出す家より、ひっそりと静かな「空き家」の方が問題がないじゃないか、と思う人がいるかもしれません。実際、すべての「空き家」が問題になっているわけではありません。

しかし、街に「空き家」が存在することは、周辺環境に大きなデメリットであることも事実です。

所有者がマメに訪問していればいいのですが、現住所と離れているためにその家を「空き家」にしているケースが多いことを考えると、それを望むのは難しいでしょう。結果、手入れをしないまま荒れた「空き家」が増えているのです。

住まない家にお金をかける人は稀です。時間が経てばコケやカビが生えたり、外壁が剥がれたりと、周辺の景観を損なうことになります。また、塀が崩れる危険や害虫の発生など、近所とのトラブルの原因も生じます。

さらには、犯罪の温床になるなど、「空き家」を放置することは問題ばかりなのです。こうなってしまってから解体をしようと思っても、かかる費用はさらに大きくなってしまいます。

また、「空き家」が社会問題化したことで、2015年には「空き家対策特別措置法」という法律が制定されました。これは、「倒壊の恐れがある住宅」「衛生的に悪影響がおよぶ恐れがある住宅」「管理されておらず景観を損ねている住宅」「そのほか、周囲の生活環境に悪影響をおよぼす住宅」を「特定空き家」として、税金などの優遇措置から除外。自治体が強制撤去した場合は、所有者への費用の請求が可能になりました。

思い出には代えがたいのもわかりますが、いずれ売却や賃貸を検討しているのであるならば、放置し続けない方がよいでしょう。自治体によっては解体のための助成金制度もありますので、経済的な問題で放置しているのであるならば、かえって早く対応することをおすすめします。

「実家のたたみ方」の心得

実家に誰も住まなくなる——。

あまり考えたくはないことですが、そうなったときに初めて「空き家」について考えるよりも、ある程度は準備しておく方がいいと思います。相続した際には家を手放すのか、所有し続けるならどのような形態にするのか、タイミングを見てご家族と話をしておくとよいのではないでしょうか。また、たくさんの愛用品の中から、残したい思い出の品物を選んでおくことも必要です。相続人が何人かいる場合は、心情的に難しいことではありますが、後々もめないためにも、一度は話し合っておくといいでしょう。

なぜ、そのような想いを抱いているか。それは、私の会社の業務内容にあります。

私の会社は、事業所や工場などから日常的に排出される廃棄物の収集・

中間処理などをメイン業務としていますが、もうひとつ、一般のお客さまを対象に〝まるっとまるごとお片付け〟というサービスを行っています。ここでは、粗大ごみの片づけにとどまらず、その家自体の解体も承っております。正確にいうと、解体作業自体は解体事業者が行うのですが、「空き家」の解体とそれに伴う不用品や残置物の回収・処分も一括で請け負っているのです。

先ほど、「空き家」が増える理由のひとつに、解体費用を負担できない点を挙げました。たしかに、解体には、200万〜300万円くらいかかることもしばしば。壊すためだけのことにそんなにかかると思うと躊躇されるのも当然です。

建物を解体する際は、まず、屋内外にあるあらゆるものを撤去してから作業を始め、その後、解体によって出た廃材などを撤去します。

ところが、一般家庭の粗大ごみの回収は市区町村から許可を得た事業者しか行うことができません。つまり、解体にあたっては、解体業者の作業費、廃材の処分費に加えて、家の中の粗大ごみの処分費用が別途かかってくるのです。

解体を請け負う会社によっては、別途、下請けの一般廃棄物収集運搬業許可業者を利用することもあります。また、悪質な業者の場合、引き取った廃棄物を不法投棄したり、リサイクルショップに横流ししたりというケースもあると聞きます。

その点、私の会社は単に回収するだけの事業者ではなく、リサイクルを本業にしているため、解体で出た廃棄物も間違いなく自社で受け入れることができます。それぞれに委託するよりも、一括で発注ができ、安心、かつリーズナブルな価格で煩わしいこともなく、一貫して対応することができるのです。

家の解体、不用品の処分を請け負う理由

なぜ、このような事業を行うようになったかというと、地域に「空き家」を増やしたくなかったからです。

「空き家」を放置し続けることは、地域の過疎化を進めることにもつながります。誰も住んでいない家があるということは人口の減少を意味します。住民が減れば、スーパーなどの店舗が閉店します。こうして住環境が不便になっていけば、さらに人口移転が進み「空き家」が増加……と、まさに悪循環だからです。

私はつねづね、地域の安心・安全のために貢献したいと考えてきました。私の会社の事業を活用して、何か地域のために貢献できることはないかと。そんなときに考えついたのが、この土地に根差した企業として横のつながりを活かし、いくつかの事業者と解体工事や空き家の再生を請け負うことでした。

「空き家」はなにも生み出しません。しかし、不用なものを片付けるだけで、新たに誰かが住めたり、空いた物件を活かしてお店を開いたりすることもできます。また、少し手を加えれば、地域住民の交流の場を作ることも可能で、実際に「空き家」を活かす取り組みに助成金を設けている自治体もあるくらいです。

つまり、「空き家」を持ち続けることは、建物、土地という資源を無駄に浪費していることと同じなのです。建物を残すか残さないかに関係なく、きちんと市場に流通させることは、地域の活性化にもつながるといえるでしょう。

思い出深い家が朽ちていくのは忍びないことです。かといって、放置を続けて近所とのトラブルになれば、これまで築いてきた人間関係も壊すことになります。

都市部にばかり人が集中し、自分の育った土地が寂れていくのを見たくない。温かな交流を残したい。そんな願いがきっかけで取り組み始めた「空き家」の片付け事業ですが、今後はその活用までも視野に入れて、地元の事業者や地域の人々とも協力していろいろなアイデアを出していきたいと考えています。

負担軽減のための仕組み作り

「空き家」の解体を行う際、私の会社が請け負うのは不用品や残置物、廃材の回収・処分です。

家庭から出るごみを回収するためには、一般廃棄物収集運搬業の許認可が必要になり、誰彼と運ぶことはできません。ところが、お客さまが詳しくないことをいいことに、無許可で営業をしていたり、別の会社に処分作業などを依頼してその分の費用を上乗せしたりしている事業者も存在しています。

その点、私の会社は、産業廃棄物はもちろん、一般廃棄物に関する許可も得ているので、ほとんどの廃棄物を回収することができますし、自社工場での処分が可能なため、回収から処分までほかの事業者の介在を必要とせず費用を抑えることができます。

経済的な理由で放置される「空き家」が多いことを考えると、解体事業者との協働に加えて、このように一社で責任を持って最後まで作業を行えることはお客さまにとって大きなメリットになるのではと思っています。

加えて、不用品を買い取ることで、その売り上げ代金と片付け費用を相殺し、お客さまの負担を減らす工夫も行っています。

ところが、ご年配の依頼者はあれこれ見るのが面倒くさいから「とにかく全部捨てて」という人がほとんどです。このようなご指示を受けると、どんなに資産価値のあるものでも勝手に買い取りに出すことはもちろんできません。たとえ、それがゴッホの『ひまわり』だったとしても、です。

このような現状をどうしたらよいかと考えた結果、まずスタッフ自身が知識を身につけて、資産価値のありそうなものやコレクターがいそうな品物を見極め、お客さまに積極的に買い取りをご提案するようにしました。

また現在は、より適正価格で販売できるように、信頼のおける専門業者との連携を強化。面倒に感じさせないためにも、片付けの際に常時買い取り業者と連絡を取り合い、確認・判断をしてもらえるような仕組み作りに取り組んでいます。

さらに、オフィスや店舗などの移転・閉鎖の際の片付け、整理に伴う不用品の回収業務や、倉庫の片付け、解体作業も請け負っています。

この場合も、イスや机などの大型家具、什器や厨房機器などに関しては可能なものを買い取りすることで相殺し処分費用を抑えるようにしたり、機密文書などの重要な品物はコンプライアンスに基づいて自社の工場で処分しています。

廃棄物全般を扱うことのできる、各種許認可を得た専門事業者として、お客さまの費用面での負担軽減はもちろん、さまざまな不安を取り除けるように努めています。地域に安心と安全を提供することが、全事業における私の会社の目標だからです。

心に寄り添った「片付け作業」

私の会社で不用品、特に遺品の整理などを請け負う際は、基本的には立ち会うことをお願いしています。先ほど、「空き家」になる前に、残しておくものを選んでおきましょうと申しましたが、実際はどこに何があるかもわからない人がほとんどです。

土地の売却を決めていて期日が迫っている場合、とにかく片付けたいと一切合切処分してしまい、あとになって悔やむ人もいらっしゃいます。実際、回収したあとで、「○○はまだありますか」と慌てて電話をしてこられ、なんとか見つかりお客さまと一緒にホッとひと安心したなんてこともありました。

そんな経験もあって、心残りをなくすためにも、気持ちを整理するうえでも、故人が大切にしていた家財や日用品を一緒に確認していただきながらの作業を進めています。

私の会社では、写真など、思い出の品物ではと感じたものについては率先して取って置き、片付けが落ち着いたときにお客さまにお渡しするようにしています。さらに、「これこれを探してほしい」などとおっしゃっていただければ、片付けながらきちんと確認・捜索も行いますので、お気軽に申し付けてください。

何かを処分する際、そこにまつわる事情は人それぞれです。

あるとき、スタッフから「お客さまが、泣く泣く手放さなければならない物があった場合、写真を撮って差し上げてはどうでしょうか」と提案されたことがあります。私の会社の社員ながら感心するとともに、お客さまとの接し方を改めて勉強させられました。

すべての人の暮らしを支えたい

フィリピン、ルソン島中西部のZambales（サンバレス）州にSubic（スービック）という港町があります。1992年に返還されるまで、アジア最大の米海軍基地があったことで有名な街です。私の会社ではいま、この街でのRPF施設（詳細は後述）の建設支援に取り組んでいます。

Subic市でリサイクル会社を営んでいる友人から相談を受けたのが事の始まりです。

フィリピンでも、廃棄物に関する法律は整備されていて、そのうちの「大気汚染防止法」により有害なガスを発する廃棄物の焼却は禁止されています。

しかし、「廃棄物管理法」で設置が定められている「固形廃棄物管理委員会」が存在する自治体は2013年時点でわずか25％。適切な焼却施設を有しない自治体がほとんどで、首都・マニラを含めた多くの都市で廃プラスチックは中間処理されることなく埋め立てられています。

加えて、再生可能な廃棄物のリサイクル事業もいまだ小規模にとどまり、結果として埋め立て地には大量のごみが積み上げられています。

かつて、貧困の象徴とされた「スモーキー・マウンテン」ほどではありませんが、「パヤタス・ダンプサイト」を初め、いまも似たような光景が存在しています。

ただ、そのような現状を解決するため、近年は各自治体もリサイクル産業の育成に努めています。

その取り組みのひとつとして、Ｓｕｂｉｃ市ではＲＰＦ施設の建設を検討。友人の父親が地元の名士であったことから、私の友人に相談があり、彼を経由して私の会社に協力の依頼があったのです。


先ほどから出てきているＲＰＦ施設について少し説明します。これは、汚れなどによりプラスチック素材として再資源化できない廃プラスチックを、同じく再生紙として利用できない紙と合わせて「ＲＰＦ」と呼ばれる筒状の固形燃料に作り替える工場です。

このようなリサイクルを「サーマルリサイクル」といい、燃料化したとはいえ、燃やしてしまうことからリサイクルとはいえないという指摘もあります。

しかし、フィリピンでは、まだごみを資源として分けることが習慣化されていません。同様に、集められた廃プラスチックがただごみとして埋められてしまっている国で、サーマルリサイクルを可能にすることは、廃棄物の問題を解決するための大きな一歩になると考えています。

この計画については、Ｓｕｂｉｃ市を管轄するＤｉｎａｌｕｐｉｈａｎ市長自らが私の会社の施設を見学されたあと、改めて正式な依頼を受けました。また、私自身もＺａｍｂａｌｅｓ州が管轄するごみ集積場で廃棄物を確認し、実現可能だと判断し協力を約束しました。

すでに、施設で作られたＲＰＦは市営の製紙工場で使うことも決まっています。産業の振興にも役立ち、地域に好循環をもたらす施設として期待されています。

しかし、現在、新型コロナウイルスの影響で計画が止まってしまっています。

地域の人々の「環境のミカタ」でありたい――。その想いからリサイクル事業に加えて、地元での「空き家」問題にも取り組み始め、いろいろと事業を広げてきました。次に世界にエリアを広げて、海外の人々のために〝できること〟があったことを嬉しく感じていた矢先の出来事です。

ＲＰＦ施設を完成させて、Ｚａｍｂａｌｅｓ州で廃棄物のリサイクルを通した環境改善の協力をすることによって、いまよりも安全で安心できる暮らしが叶うことを願うばかりです。

第5章

環境コーディネーターにお任せください！

総合リサイクル事業へ舵を切ったわけ

ここまで読んでいただいて、廃棄物がいかに私たちの暮らしのスタイルや時代に応じて変化してきたかをおわかりいただけたかと思います。

技術の進歩は新しい化学素材を誕生させ、それを使って新しい製品が作られる。そのことは、処理できない廃棄物を生み出すことと同義でした。経済の右肩上がりに比例して、飽くなき欲望は増幅……。地球は削り取られ、ごみとして捨てられていきました。

廃棄物が社会問題としていよいよ深刻になり始めた1975年。私の会社はまず、産業廃棄物の最終処分を行う会社として事業を開始します。1980年には、「産業廃棄物収集運搬業」の許可も取得。自社による回収を可能にすることで事業範囲を拡大し、ますます増大する産業廃棄物に対応していくようになりました。

同様の事業者が増えていったのもこの頃だったと思います。しかし、大量生産、大量消費、大量廃棄の社会はとどまるところを知らず、産業界から、家庭から、毎日膨大な量の廃棄物が排出され続け、埋め立て地は限界に近づいていました。

そのような状況を改善すべく、1991年に制定されたのが「再生資源利用促進法」です。廃棄物の抑制と環境の保全のため、主に企業に対して製造段階からのリサイクル、再生資源の利用を求めた法律でした。

まさに、リサイクルの時代が到来したといえるでしょう。以降も循環型社会を目指して、数年おきに廃棄物に関するさまざまな法律が整備されるようになります。

リサイクルによる廃棄物問題の解決に可能性を感じた私の会社では、1992年12月に、静岡県焼津市飯淵に最初の中間処理施設である「アースプロテクションセンター」を開設し、リサイクル事業に乗り出します。

産業廃棄物収集運搬業に関しては、本社所在地の静岡県を初め、近隣の神奈川県、愛知県、遠くは東京都、群馬県、福島県、三重県など、1都14

県1市で許可を取得。特別管理産業廃棄物収集運搬業についても、4県で許可を取得するなど、全国に活動を広げています。

さらに、2002年7月には「ISO14001（環境マネジメントシステム）」を導入。2012年3月に静岡県を初め他県からも「優良産廃処理業者認定」を取得するなど、廃棄物を取り扱うプロとして、責任を持って適正な処理を行うことに努めています。

加えて、リサイクルに重点を置くようになった現在、中間処理リサイクルを中心とした施設の数も5つに増加しました。

マテリアルリサイクル普及への課題

廃プラスチックのリサイクルには、3つの方法があります。1つ目が、「マテリアルリサイクル」です。

まず、企業から回収してきた廃プラスチックを選別。その後、一定サイズに破砕、ヒーターを使って溶融し、射出、切断という過程を経て、ペレットと呼ばれる粒状の再生プラスチック原料を作るリサイクルなどを指します。私の会社では「アースプロテクションセンター第二工場」で、さまざまな機械を用いて行っています。

マテリアルリサイクルを行ううえで重要なのが、最初の工程で行う選別です。実は、再生プラスチック原料は単一素材ごとにしか作ることができないからです。

たとえばペットボトルを見ると、プラスチックマークの横に、「ボトル：PET」「キャップ：PP」と書いてあることがあります。これは、ともにプラスチックではあるけれど、使われている素材が異なっている、つまり、ボトルはポリエチレンテレフタラート、キャップはポリプロピレンから作られているということを表しています。

ただし、家庭や事業所から出す際に、素材ごとに分けることは難しいため、廃プラスチックがマテリアルリサイクルされる割合がいまだ低く、プラスチックリサイクル事業における課題となっています。

各プラスチック素材には、耐熱や強度など、それぞれに特徴があることから使い分けられていますが、今後、事業者側は、できる限り単一素材で製造することが求められるといえるでしょう。

燃料として再利用する「サーマルリサイクル」

2つ目のリサイクルが「サーマルリサイクル」です。第4章で少し触れましたが、汚れていたり、単一素材に分別したりすることが困難な産業廃棄物（廃プラスチックと紙類などの可燃物）を合わせて、RPF（Refuse Paper & Plastic Fuel）という化石燃料の代替になる高品質の固形燃料を作るのです。これは、ボイラーなどで燃やすことで熱として再利用するというリサイクルです。

特に、RPFは、水分率や不純物が多い一般廃棄物を主として作られる固形燃料のRDF（Refuse Derived Fuel）と比べて発熱量が高いだけでなく、カロリーが低い材料との混合比率を変えることで熱量調節も可能。二酸化炭素の排出量も石炭の3分の2であり、価格も安いことから、多くの製造業で活用されています。

サーマルリサイクルを行う際も原料の選別は大切で、以前は手作業に頼る部分が多くありました。しかし、現在は塩ビ（マテリアルリサイクル向きの素材）などを機械的に選別できる技術も開発されています。

アースプロテクションセンター第一工場には、風力と磁力を用いた選別式機械を設置してあり、適正に応じて軽量物、細粒物、重量物と仕分けることができるようになったため、大幅なコストと時間の短縮になりました。また、混合廃棄物の利用が可能になったことで最終処分場へ向かう廃棄物の量を大幅に削減できるようになりました。

いずれのリサイクルも活用量を増やすためには、やはり〝分別〟されていることが重要になってきます。今後も、作業工程における改良に努めるとともに、みなさんとともに、私自身も分別の徹底を続けていきたいと思っています。

最優先課題は「ケミカルリサイクル」

日本の廃プラスチックのリサイクル率は84％を誇ります。しかし、このうちの56％をサーマルリサイクルが占めています。

ごみとして単純に燃やされるのと異なり、RPFやRDFは製紙工場や製鉄所などで必要とされる火力を生むための燃料として使われていることから、日本ではリサイクルと位置付けています。

しかし、海外では新たなプラスチック製品として生まれ変わらないサーマルリサイクルは、循環が成り立っていないことからリサイクルとみなしていません。

もちろん、ごみとして埋め立てられてしまうよりは、たとえサーマルリサイクルであっても行うべきだと思います。しかし、廃棄物の削減に加えて、地球環境の保全を考えた場合は、いつまでもサーマルリサイクルばかりを行ってはいられないと考えています。また、マテリアルリサイクルに関しても、実は再資源化を続ける間に原料としての劣化が進んでしまうため、いずれは廃棄せざるを得ないときがきてしまいます。

そう考えたとき、今後は第3章で触れた「ケミカルリサイクル」と呼ばれる、廃棄物を分子レベルにまで分解してバージン材に戻す、3つ目のリサイクルの重要性が増してくると思っています。

ケミカルリサイクルを進めるためには、高度な研究開発と設備、そのための多額の資金が必要になってきます。私の会社のような地方の中小企業にはとても高い壁です。とはいえ、廃プラスチックでケミカルリサイクルされる量が増えていけば、新たに石油を掘る必要もなくなります。

実現には長い年月を要するかもしれませんが、いつか100%を達成できるときがくると信じて、地元の大学や企業と協力体制を整えながら、最優先課題として取り組んでいきたいと考えています。

なぜ、てんぷら油で走る車が減ったのか？

私の会社では、てんぷら油などの廃食油を使って回収車などのトラックを走らせていました。

もちろん、回収した油をそのままトラックに注いでいるわけではありません。敷地の一角に「バイオ燃料精製施設」という小さな施設があります。そこに置かれた装置の中に飲食店などから回収してきた廃食油を入れ、特殊な薬品と混ぜて化学反応を起こさせることで、ＢＤＦ（Ｂｉｏ Ｄｉｅｓｅｌ Ｆｕｅｌ）という軽油成分と同じバイオ燃料に加工して使っています。

ＢＤＦには動物性の油は使えません。つまり、原料はすべて、トウモロコシや大豆などの植物です。もちろん、バイオ燃料として利用して自動車を走らせる際は、やはり二酸化炭素を排出してしまいます。しかし、その原料である植物は成長段階で二酸化炭素を吸収するので、二酸化炭素の相殺が可能になります。バイオ燃料の利用は、廃棄物の削減に加えて、「カーボンニュートラル」を叶える、温室効果ガスの削減にも貢献できるのです。

　ＢＤＦは一時期、公用車や路線バスなどでも多く使われてきました。エンジンをかけると、てんぷら屋さんの前にいるようないいにおいがしたものです。しかし、近年は自動車の高性能化によりＢＤＦが利用できない車両が増えたり、ＢＤＦを給油する場合は軽油との混合率は５％以下にするように規制する「揮発油等品質確保法（品確法）」が制定されたりしたことで、利用範囲が限られてしまっています。

　実際、私の会社でも以前は一日２００リットルのバイオ燃料を製造していましたが、最近は屋内で動かすフォークリフトくらいでしか使えなくなってしまい、再利用する量も激減しています。

　このままでは、再び廃食油が廃棄物になってしまいます。貢献は小さいかもしれませんし、今後は利用時に排ガスを抑えるような研究も必要になってくるとは思いますが、２０５０年までに脱炭素社会の実現を目指す宣言をしたのですから、行政にはぜひ、廃食油の利用についても再度注目し、一考していただきたいものです。

「循環型食品リサイクルループ」への取り組み

現在、私の会社では8市町村から一般廃棄物の収集と運搬の許可を受けています。なかでも、生ごみの収集と運搬、処分の委託を受けている藤枝市と共同で取り組んでいる「生ごみの肥料化リサイクル」について特記したいと思います。

家庭から出る燃やすごみを重量換算したとき、約6割が生ごみであったことに注目した藤枝市では、これを肥料化することで廃棄物の量を減らそうと試みます。その際、回収と肥料化を任されたのが私の会社でした。

まだ一部の地域でのみの実施ではありますが、約2万5000世帯から黄色の特別な袋に入った生ごみを回収し、私の会社の「高柳リサイクルセンター」へと運んでいます。ここには、一般家庭のほか、飲食店や食品製造事業者などから出された植物性や動物性の残飯や調理くずも集まっていて、これらの生ごみと汚泥などを合わせて、まず肥料化のための原料とします。

この原料を発酵機の中に入れてエアレーションで空気を送ると、好気性菌（酸素呼吸しながら有機物を分解する菌）によって好気発酵され有機肥料が作られます。

一般家庭や飲食店、食品製造事業者が生ごみを排出する↓それを私の会社が回収し肥料化する↓その肥料を使って農業従事者が野菜などを生産し販売する↓その食材を一般家庭や飲食店、食品製造事業者が購入する。こうして、「循環型食品リサイクルループ」が完成します。

高柳リサイクルセンターでは、一日20トンもの肥料を生成していますが、その際、化石燃料をいっさい使っていません。廃棄物の削減に効果があるだけでなく、温室効果ガス排出の点から考えても、このリサイクルがいかにクリーンな事業であるか、おわかりいただけるかと思います。

生ごみを肥料化するためには、ごみとして出す際に水切りの手間などをおかけします。また、開始当初はバケツに入れてもらって回収していたことから、中身が見えてしまうという抵抗感もあってか、反対される人もいました。

しかし、7年が経ち、リサイクルの有用性もわかっていただけた現在は、みなさん積極的に協力してくださるので助かっています。

好気発酵という自然の力だけでゆっくりと作られた有機肥料はとても良質。農薬や化学肥料と異なり、安全で安心できる肥料になっています。ただ、肥料化するにあたっては分別の徹底、乾燥が必要であるなどの手間もかかることから、肥料としてみた場合は既存のものより少し割高に感じるかもしれません。

でも、地球にも体にもやさしい堆肥なので、畑や家庭菜園などでもぜひ、私の会社の有機肥料「アイちゃん3号」をお使いいただけると嬉しいです。

生ごみの〝秘めたる力〟

もうひとつ、藤枝市とアーキアエナジー株式会社、月島機械株式会社と協働して行う「生ごみの資源化プロジェクト」があります。肥料化と反対に、空気のない状態で生ごみを発酵させる「嫌気発酵」を行うとメタンガス（＝バイオガス）が発生します。このプロジェクトは、そのバイオガスを利用して発電するガス供給量を最大限まで上げる取り組みです。このガスは、非常に燃えやすい性質を持っていますので、それを利用して、発電に活用しようとするものです。

生ごみを利用したバイオガス促進剤について、少し詳しく説明したいと思います。

生ごみを回収した後は、金属などの不純物を取り除きます。ここから先が肥料化と異なる工程になるのですが、生ごみを液状に変え、原料の水分量の調整も行います。含水率（水分）が高くても、低くても発酵はうまくいかないからです。

次に、酸発酵槽に入れて、温度、pH（水素イオン指数）を整えます。こうしてでき上がった嫌気発酵に最適な状態の「バイオガス促進剤」を発酵タンクに投入すると、より多くのメタンガスが発生。このガスを燃料にした装置で発電するのが「バイオガス発電」です。


実は、下水処理施設では毎日大量のメタンガスが発生しています。メタンガスは臭いうえに、温室効果は二酸化炭素の21倍もあることから、長い間、この処理に頭を悩ませてきました。しかし近年、バイオガス発電が可能になったことを受けて、藤枝市では、この事業に取り組み始めたのです。

私の会社では、さらにメタンガスを発生させる生ごみを使った発酵促進剤の製造までを請け負うことになっていて、２０２３年の稼働を目標に計画を進めています。ただ、そのためには新たな施設が必要で、建設のための資金の捻出など、課題は山積みです。

しかし、生ごみを利用したバイオガス発電事業は、生ごみという廃棄物の削減につながるだけでなく、地球温暖化防止にも効果を発揮します。また、発電した電気を売ることで市は新たな財源を確保し、環境事業に運用できるという好循環も生み出せるはずです。

自治体としては全国に先駆けた取り組みではありますが、このプロジェクトが成功すれば各地でも同様の再生可能エネルギー事業が興ると考えています。地域から始まって、全国へ広がり、そして地球の役に立つ。そんなプロジェクトだと考えています。

エッセンシャルワーカーを守りたい

２０２０年、コロナ禍で全国民の外出が制限される中、日常生活を支えるために働く人々が、「エッセンシャルワーカー」として注目を集めました。私の会社も、そのエッセンシャルワーカーのひとつです。

ニュースでは、感染の危険があるにもかかわらず廃棄物の回収を行う作業員へ感謝の手紙が貼られていたことなどが紹介されていました。

実は、私の会社の社員たちはとても丁寧に一所懸命に仕事をしているので、このような手紙は以前からいただいていました。しかし、経験したことのない困難な時期にもかかわらず、いつもと変わらない仕事を心がけてくれていることに対しては、社長として、そして一市民として頭が下がります。


廃棄物を取り扱う事業は、みなさんが思っている以上に危険の伴う仕事です。これまでも明るくきれいなオフィス、防塵や脱臭を徹底した工場など、社員が安心して、健やかに働ける環境作りに最大限注力してきました。また、福利厚生の充実に加えて、成長支援制度を設けるなど、キャリア面でのサポートも心がけてきました。

しかし、新型コロナウイルス感染症の拡大は、経営者としての私に「いかに社員の安全を守るか」という大きな課題を改めて突き付けました。

ただ、当初は、手洗いうがいの徹底や、ごみ袋の破裂に気を付けるように注意を促すことくらいしかしてあげられませんでした。その後、品薄の中、なんとか高性能マスクを入手したときは、みんな喜んでくれたのですが、ごみの収集作業は走り回り重たいものを運ぶハードな仕事のため、結果的には息苦しくて「社長、これはちょっと……」となってしまったこともありました。

ワクチンの接種が始まりましたが、まだしばらくは安心できない日が続くと思います。そんな中、地域の暮らしを守るため、そして、そのために活躍する社員の安全を守るため、今後もいろいろと模索していかなければと肝に銘じています。

また、みなさんには、懸命に働く社員たちのためにも排出の際はルールを守っていただくのはもちろん、マスクやティッシュペーパーは個別に袋に入れてからごみ袋に詰めるなど、心遣いいただけますと幸いです。そして、何より、エッセンシャルワーカーへの想いが一過性で終わらないことを、切に願っています。

子どもに問題意識を持ってもらうために

第2章でお話したエコキャップ運動のほかにも、私の会社では、いくつかの社会貢献活動（CSR）を行っています。

たとえば、河川や海岸などの「地域清掃活動」です。なかでも、海岸清掃は「静岡県産業廃棄物処理協働組合」や「御前崎市」が行っている活動で、アカウミガメの産卵場所をきれいにするなど、生態系の保全にもひと役買っています。

また、私が副会長を務めている「公益社団法人静岡県産業廃棄物協会」では、昨年（2020年）は中止になってしまいましたが、「ぼくらはさんぱい探偵団」というイベントで、毎年夏休みに小中学生を対象に参加企業が持ち回りで工場見学を受け入れて、製造過程における廃棄物削減の取り組みやリサイクル活動を紹介しています。

私の会社にも「さんぱい探偵団」が来てくれましたが、みんな工場のきれいさや臭いのないことに驚くと同時に、ひたむきに働く社員たちの姿に感心と感謝をしてくれたようです。

特に、付き添いの親御さんたちは自身がごみを出す機会が多いことから真摯な意見をたくさん頂戴しました。最後には、リサイクルを実感していただけるように、子どもたちにエコキャップから作った「エコポット」や「エコ定規」をプレゼントしています。

これまで申し上げてきたように、廃棄物問題を解決するには私たち一人ひとりの行動を改めることが必要不可欠です。そのためには、子どもの頃から問題意識を持ち、つねに考えていくことが大切になってきます。

今後は、工場見学を積極的に受け入れていくと同時に、社員による出張授業なども企画・提案していきたいと思っています。

廃棄物を削減しつつ、みんなのミカタでありたい

私の会社では、ほかにもいくつかの社会貢献活動を行っています。順を追ってご紹介していきましょう。

みなさんはご存じでしょうか。盲導犬の育成にかかる費用の約90％は寄付で賄われていて、国からの支援がほとんどないということを。盲導犬を必要としている人はたくさんいるのに、日本での普及率は先進国の中でも極端に低いのです。

そこで、少しでも盲導犬の普及が進むようにと考えて「公益財団法人日本盲導犬協会」に支援を行うようになりました。現在は、ＲＰＦの売り上げの一部などを寄付するようにしていて、年間で何十万円という金額になっています。つまり、ＲＰＦとしてリサイクルすることは廃棄物の削減につながるだけでなく、こうした社会貢献にもなるため一石二鳥なのです。仕事に励むほどに支援も増やせると思うと、ますますやりがいを感じています。

また、小児がんなどの重い病気と闘う子どもたちを支える「ファシリティドッグ」育成の支援も行っています。盲導犬同様に、ファシリティドッグの育成にも厳しい訓練が必要であるうえに、まだハワイでしかトレーニングが行えないこともあって、日本には4頭（現役は3頭）しかいません。

重い病気を患う子どもたちは、みんな苦しいはずなのに、ファシリティドッグと触れ合うとすごく穏やかな表情になるんです。大人でも耐えられないような治療でも、ファシリティドッグの背中を撫でながら、小さな体でぐっと我慢をして受けているそうです。

そんな姿を見て、いますぐに何かお手伝いをしたいと思い、シルバースポンサー企業としてファシリティドッグを育成する「特定非営利活動法人シャイン・オン・キッズ」の支援活動を始めました。

未来を担う子どもたちの幸せのために

もうひとつ、これも本業とは離れたことと思われるかもしれませんが、私が住む街の児童養護施設の支援です。ニュースなどで耳にすることが増えたのでご存じの人もいるかと思いますが、いま、「子どもの貧困」「経済・教育機会の格差」が問題になっています。児童養護施設にも家庭の事情や、保護者からの虐待が原因で入寮している子たちがいます。4歳から18歳までの子です。

小さな頃につらい経験をしている子たちにしてあげられることは少ないと思います。でも、行政の補助金だけでは運営が大変な施設に寄付をするほか、地元の生産者さんにいただいたイチゴを届けてあげたり、毎年少しですがお年玉をあげたり……。ちょっとしたことだけど、とても喜んでくれるんです。微力でも役に立てればとの想いから、機会を作ってはボランティアとしても訪問しています。

そのほか、いまはコロナ禍で閉鎖しているため叶わないのですが、実験農場で先ほどご紹介した有機肥料「アイちゃん3号」を使って育てた野菜を「子ども食堂」に届けたりもしたいと考えています。

社会貢献活動は、正直に申し上げれば、会社自体に利益が出ていないとできないことです。社員たちの給料を削って、施設整備や福利厚生を後回しにして、というわけにはいきません。それでも、できる限り続けていきたいと考えています。

それもこれも、子どもたちは未来を担う大切な〝資源〟だからです。いま取り組んでいる活動を一過性のボランティアで終わらせないためにも、自社の強みを活かして社会問題の解決に取り組むと同時に、きちんと会社に利益を出せる仕組み作りもしていかなくてはと考えています。

ありがたいことに、社員も心をひとつにしてくれていることは大きな力であり、また励みとなっています。

社名変更に込めた想い

創業45周年を迎えたことを機に、２０２０年10月に「環境のミカタ株式会社」と社名を変更しました。仕事柄、「地球の環境を守るぞ！」という宣言のように思われるかもしれません。

「リサイクル率を高めて資源の保全に努める」「廃棄物自体を減らしたり、処分時に無害化したりすることで自然環境への負荷を減らす」「ＢＤＦの利用や、バイオガスの実用化に向けて自治体などと協力して地球温暖化防止に貢献する」――。

これらはすべて、本業を通して実現できることです。もちろん、全社員がそうした貢献ができるように日々働いています。

ただ、私たちは「人の営み」のすべてが「環境」だと捉えています。

その最たるものは、地域の人たちの暮らす環境。みなさんが日々、安心して衛生的に暮らせることを第一と考えて、丁寧な回収作業を心がけ、周辺地域に配慮した工場設備を設置しています。

また、大規模災害時でも事業を止めないように、ＢＣＰ（事業継続計画）を策定し、その一環として、津波の被害がないように高台に車両基地を設け、燃料の供給に困らないよう、ガソリンスタンドの運営も行っています。

私たちの回収車が止まったら、地域の日常生活が止まってしまう、それだけは避けたいとの想いからです。

そのほか、河川や海岸の清掃活動は自然環境を守るため。盲導犬協会への支援は、目の見えない人たちの生活環境を支えるため。さまざまな企業の相談を受けて、CSRとしての「環境マネジメントシステム」や「PDCA（Plan、Do、Check、Act）サイクル」を提案するのは理想の職場環境作りのお手伝い。子どもたちを支援するのは、どんな環境にいる子どもにも、学ぶ場や成長するための環境を提供して、それぞれが明るい未来に向かって進めるように後押ししていくためです。

これらはSDGsの理念の一環でもあり、私たちが、すべての人々が健やかに暮らせる環境を目指しているからこそ行っていることだといえます。

環境コーディネーターとしてチャレンジし続ける！

このように、「環境」に注目したとき、私たちの会社に〝できること〟は、まだまだたくさんあることに気がつきました。それは驚きとともに、大きな喜びでもありました。

地球環境の問題が取りざたされるようになり、廃棄物を取り扱う事業者やリサイクル工場に対するイメージはここ数年で変化してきました。さまざまな人たちから感謝の言葉を頂戴することも多く、やりがいを感じてもいます。

しかし、そうした世間の状況に甘えるのではなく、さらに地域に、人々に必要とされ続ける企業、「１００年企業」を目指していこうと気持ちを新たにしています。

私の会社で考えた造語なのですが、社員はみんな「環境コーディネーター」を名乗っています。現場で働く社員だけではなく、営業担当者も、お客さまの対応をする事務職も、そして、もちろん社長である私もです。私たち一人ひとりの、ひとつひとつの仕事がすべてどこかの、誰かの「環境」をよくしているという自負からです。

一人ひとりの声に耳を傾け、小さな可能性も見逃すことなく、みなさんとともに歩んでいく。柔軟な発想とチャレンジ精神で前進し続ける。〝できることはもっとある〟の気持ちを忘れずに、無限の可能性を信じて歩んでいきたいと思っています。

誰かが困っているときにすぐに駆けつける。不可能を可能にするヒーローのように――。すべての人の「環境」を守っていくのが私たち「環境のミカタ」の務めです！

日本は循環型経済へと
大きく舵を切る！

工学博士の立場から、長きにわたって政府や産業界へ
地球環境保全の重要性を訴えてきた東京大学 山本良一名誉教授。
国際社会の変遷とともに、
私たちに求められる行動とは何かについて尋ねてみた。

PROFILE
山本良一（やまもと・りょういち）

東京大学名誉教授。1946年茨城県水戸市生まれ。74年東京大学工学系研究科大学院博士課程修了、工学博士。専門は金属物理。通産省環境調和型製品導入促進調査委員会委員長、LCA日本フォーラム会長、科学技術庁エコマテリアルプロジェクト研究推進委員長などの要職のほか北京大学など中国の31の大学の客員教授や名誉教授も務める。著書に『地球を救うエコマテリアル革命』（徳間書店）などがある。

SPECIAL INTERVIEW

●かつての優等生はどこへ……

ここ数年、「ＳＤＧｓ（持続可能な開発目標）」が注目を集めています。実は、持続可能な開発については、すでに40年くらい前から世界中で議論がされていました。

たとえば製造業は、設計段階から環境負荷の少ない原料を使う、リサイクルしやすい設計にする「エコ・デザイン」に取り組むようになりました。しかし、経済成長はあまりにも急速であったため、すぐにそれだけでは不十分と気づき、さらに自然環境との健全なかかわりを重視する「エコ・イノベーション」の実践が推奨されるようになります。

エコ・イノベーションには4段階あります。

1つ目が「製品改善」です。飲料缶のタブを取り外す〝プルタブ式〟から缶と一体化させてリサイクルしやすくした〝ステイオンタブ式〟にデザイン変更したのをご記憶の方も多いのではないでしょうか？　2つ目が「再設計」で、部品の変更や再利用による〝製品ライフサイクル〟でのエネルギー使用量の最小化などが挙げられます。3つ目が「機能革新」で、手紙を止めてEメールを送るようにすることなどが含まれます。4つ目が、「システム革新」で、シェアリング・エコノミーなどのように社会、労働、産業構造の変更などがこれにあたります。

世界はこの30年間、さまざまなエコ・イノベーションに挑戦してきました。しかし、地球環境は改善されるどころか、以前にもまして危機に瀕しているのが現状です。

ニュースなどを見ていると、環境問題への取り組みにおいて、日本は欧米諸国から遅れをとっているのではと感じることがありませんか？

実は、ある国の消費を満たすために必要とされた天然資源の量を比較すると、2010年の世界の一人あたりの平均が10トンであったのに対して、日本は20トン。たくさんの資源とエネルギーを使い、必要ないものはすぐに捨ててしまう私たちの生活は、残念ながら、世界の人々と比べて、2倍もの負荷を地球環境にかけてしまっていたのです。

「省エネ家電」や「低燃費自動車」はかつて日本の代名詞であり、日本が経済成長した原動力でもありました。1997年に「京都議定書」が結ばれ、2005年に「チーム・マイナス6％」を政府の主導で進めた頃までは、日本は環境先進国でした。

ところが、中国や台湾などの新興国が急激に経済成長したことで追われる立場になった日本では経済活動が停滞。構造転換にも失敗し、環境に目を向けている余裕がなくなりました。かつて、環境問題において優等生だった日本は、こうして世界の流れから取り残されてしまったのです。

●再び日本が環境先進国になるために

持続可能な開発が議論され始めた当初は、将来の世代の欲求を満たしつつ、現在の世代の欲求も満足させることが重視されました。

しかし、人類が使う資源エネルギーの量はあまりにも膨大過ぎました。資源の枯渇に歯止めがかからず、気温は上昇し続けています。21世紀になると私たち科学者は、この考え方ではすぐに立ち行かなくなると気づき、もっとも大切なのは〝生命維持システムの保全〟だと定義し直します。

とりわけ、地球温暖化、異常気象は喫緊の課題です。イギリスでは、すでに462もの自治体が「気候非常事態宣言」を決議し、160以上があと10年以内に「カーボンニュートラル」を達成するとされています。カーボンニュートラルとは、ライフサイクル全体で見たときに、二酸化炭素の排出量と吸収量とがプラスマイナスゼロの状態になることを指します。

ニューヨークは、市内の建物に温室効果ガスの排出上限規制を設け、2030年までに40%の総排出量削減を目指すことを発表しました。そのほか、太陽光発電を活用したエネルギー地域主権を目指すバルセロナの取り組みなど、世界には見習うべき活動が多くあります。

少し遅れは取りましたが、日本も2020年10月26日に、2050年までにカーボンニュートラルを達成すると世界に表明。11月19日、20日には衆参両院で、全会一致で「気候非常事態宣言」が可決されました。

11月18日には、私が委員長を務める「気候非常事態ネットワーク（以下、CEN）」が設立。100社を超える大企業も、2050年までのカーボンニュートラルを宣言しました。

欧米諸国と比べて、これまでの日本には、論理と倫理に一貫性がないように感じていました。地球環境が危機に瀕していると理解していても、まだどこかで経済成長や便利さの追求を諦められない、「大量生産・大量消費・大量廃棄」グセを直すことができていませんでした。

しかし、政府の宣言とCENの設立を機に、産業界は「脱炭素・脱物質」へと大きく舵を切りました。50を超える自治体が気候非常事態を宣言し、自然エネルギーへの転換を試み始めています。

リサイクルでは、本書でも紹介されている「ケミカルリサイクル」が主流になるはずです。それを推し進めるためにも製造業には、極力単一素材を用いて純度の高い原料での製品作りが求められていくことでしょう。

●エシカル消費が育む新しい社会

ただ、確実に成果をあげるためには、これまでのようにエコ・デザインなどの製造業による努力、エコ・イノベーションの第1、第2段階にばかり頼っていてはいけません。

たとえば、シェアリング・エコノミーが浸透すれば、滅多に使わないものを買う必要がなくなります。それは廃棄されるものを減らすことになるはずです。本書でも紹介されているデポジットなど、昔ながらのリユースのシステムを現代でも復活させれば、容器はごみになりません。

わざわざ持っていくのが面倒という人もいるかと思います。それならば、おもいきって高額のデポジットを付けてみるのもいいかもしれません。化粧品のびんに1万円の保証金があったら、絶対にびんは戻ってきますよ。

そんな風にして、徐々に環境負荷の少ない暮らしに馴染みながらも、なぜそのような社会制度の革新が必要なのかをきちんと理解し、受け入れることが大切なのではないでしょうか？

SPECIAL INTERVIEW

社会が変わろうとするとき、試されるのは私たち一人ひとりのモラルです。安いだけの基準で商品を選ぶのではなく、「地域の自然環境を守っている」「人も動物も搾取されていない」「地球環境に配慮している」ことに価値を見出してお金を払う「エシカル（倫理的）消費」は、未来の地球を生きる人たちのための行動でもあることを認識してください。

再生品を積極的に購入すること、現代の牛乳配達ともいえる「Ｌｏｏｐ」を積極的に活用すること、必要なものを、必要な量だけ買うこと……。本書で提案されている多くの行動も、立派な「エシカル消費」といえます。本書が、みなさんのライフスタイルを考え直し、意識を変えるきっかけになるはずです。

２０２１年、私たちはカーボンニュートラル循環型経済に向けて大きな一歩を踏み出しました。政府や自治体、そして中小企業、さらに消費者も一丸となることで、日本が再び、国際社会をリードする日が来ることを期待しています。「環境のミカタ」の取り組みの数々も、その一助となることでしょう。

おわりに

廃棄物処理やリサイクルに関する話題は、ややもすると小難しくなってしまうため、なるべくみなさんの日常生活に即した内容でわかりやすく、現状や解決に向けた取り組みを伝えられればと努めてきましたが、いかがでしたでしょうか。

3R活動の中から「そんなことでも環境のためになるんだ」と驚き、また「いますぐやってみよう」と何かひとつでも行動に移していただけたなら大変嬉しく思います。

いろいろな企業や団体の取り組みを知って、「エコマークのやつを買ってみよう」「あの活動は応援したいな」という人が増えてくださったなら、関係者の一人として、とても励みになります。

私は、1960年代半ば、高度経済成長期の真っただ中に生まれ、バブル景気の頃に社会人になりました。ITに始まり、いまではAIまで登場する、著しい技術革新の時代も経験しています。激変する日本、世界とともに歩み、先進国に暮らす人間として、日々、豊かになっていく社会を目の当たりにしてきました。いい時代を生きてきたのかもしれません。

ただ、ここ数年、「昔はよかったな」と感じることが多くなりました。けっして、ノスタルジーだけではありません。ものはなく、何をするにも時間がかかる、いま思えば、とても質素で、とても不便な時代でした。でも、自分だけの宝物を持っていた記憶があります。そして、ひとつのことに集中して取り組むことができていたようにも思います。

廃棄物の問題を初め、当時もさまざまな社会問題はありました。しかし、経済の成長ばかりに目を向けてきた結果、現代は、資源の枯渇や地球温暖化、海洋プラスチックなど、生物全体の存在自体が脅かされるような、より大きな問題が地球規模で起きています。

努力によって手にした快適さを、私たちはきっと手放せないでしょう。では、どうすれば、すべての人が安心して暮らせるようになるのでしょうか。

そのために、私たちにできることは何かあるのだろうかと考えるようになりました。人々の暮らしを支える会社になりたい、ならなくてはと思っているのはこのためです。「環境のミカタ」という社名にはそんな想いを込めています。

「会社から出すごみを減らしたい」という事業者の方がいらっしゃいましたら、ご相談ください。一瞬でゼロにすることはできませんが、かぎりなくゼロに近づけるようにアイデアを絞ります。

「大好きな実家だけど、ここに住むことはないからなぁ」という方がいらっしゃいましたら、ご相談ください。できるだけ思い出を残せるように一緒に考えていきましょう。

私たちが〝環境コーディネーター〟として成長していくためにも、何か困りごとがあったら、ぜひお気軽に声をかけてください。

さらに、本書を読み進め、私たちの会社に興味を持っていただける方がいらっしゃいましたら、どうぞ、「環境のミカタ」の門を叩いてみてください。

安全運転を心がけて街を走るドライバー、一緒になって問題解決に奔走する営業担当、気持ちよく働けるようにオフィスをきれいにしてくれる整頓上手、工場見学を楽しんでもらおうと張り切る子ども好きの案内役……。「できることはもっとある」をモットーに、社員全員が、みなさんが暮らす環境のために、あらゆることにチャレンジしています。

「環境」が指すところはとても広範囲です。そのすべてをよくしていこうなんて、私の会社はとても大胆かもしれません。しかし、目の前に課題がたくさんあると思うと、俄然やる気が湧いてきます。この壮大な挑戦に、あなたも参加してみませんか？

最後になりましたが、本書の出版にあたりご尽力くださった構成の廣井様、プレジデント社 企画編集本部長 金久保様、株式会社イマジナ 代表取締役社長 関野様ほか、かかわってくださった多くのみなさまに、心より御礼申し上げます。

2021年4月　環境のミカタ株式会社
代表取締役社長　渡辺和良

著者

渡辺 和良 Kazuyoshi Watanabe

環境のミカタ株式会社　代表取締役社長。
1965年、静岡県生まれ。
1984年静岡県立島田商業高等学校卒業。
1984年より廃棄物処理事業に従事し、
1991年、中部再生興業有限会社（現 環境のミカタ株式会社）の代表に就任。
2001年、プラスチックの原料化に特化したマテリアルリサイクルを開始。
その後2007年、廃棄物を固形燃料化するサーマルリサイクルを開始。
2011年、藤枝市の一般家庭からでる生ごみの肥料化リサイクルを開始。
2016年、従前の産業廃棄物処理事業を認められ
全国産業資源循環連合会より
「地方功労者表彰」を受賞、
2020年、地域への貢献を認められ経済産業省より
「地域未来牽引企業」に選定された。

“環境力”を持てば、
暮らし方が
変わるって、ホント?

2021年4月30日　第1刷発行

著　者　渡辺和良
発行者　長坂嘉昭
発行所　株式会社プレジデント社
〒102-8641
東京都千代田区平河町2-16-1 平河町森タワー13階
https://www.president.co.jp/　https://presidentstore.jp/
電話　編集 03-3237-3733
販売 03-3237-3731
販　売　桂木栄一、高橋 徹、川井田美景、森田 巌、末吉秀樹

構　成　廣井章乃
装　丁　鈴木美里
組　版　清水絵理子
校　正　株式会社ヴェリタ
制　作　関 結香
編　集　金久保 徹

印刷・製本　大日本印刷株式会社

掲載写真はShutterstock.comのライセンス許諾により使用しています

©2021 Kazuyoshi Watanabe
ISBN　978-4-8334-5178-9
Printed in Japan
落丁・乱丁本はお取り替えいたします。